LOCUS

LOCUS

LOCUS

<u>from</u>
vision

from 81

圖解時間簡史
The Illustrated A Brief History of Time

作者：Stephen Hawking
譯者：郭兆林 周念縈
責任編輯：湯皓全
校對：陳佩伶
美術編輯：張士勇 倪孟慧
法律顧問：董安丹律師、顧慕堯律師
出版者：大塊文化出版股份有限公司
台北市105022南京東路四段25號11樓
www.locuspublishing.com
讀者服務專線：0800-006689
TEL：(02) 87123898　FAX：(02) 87123897
郵撥帳號：18955675　戶名：大塊文化出版股份有限公司
版權所有　翻印必究

總經銷：大和書報圖書股份有限公司
地址：新北市新莊區五工五路2號
TEL：(02) 89902588 (代表號)　　FAX：(02) 22901658
製版：瑞豐實業股份有限公司
初版一刷：2012年7月
初版二十一刷：2023年8月

定價：新台幣 450元
Printed in Taiwan

圖解時間簡史

The Illustrated A Brief History of Time

史蒂芬・霍金
Stephen Hawking

郭 兆 林 、 周 念 縈 譯

目次

這張將宇宙看得最深最遠的光學照片，是一九九六年一月由哈伯望遠鏡拍攝所得。照片中揭露宇宙早期的景象，有些星系誕生於時間與空間開始之後十億年內。拜最近科技突飛猛進之賜，讓我們終於有機會檢視宇宙創生與人類地位的理論了。

序

在首版的《時間簡史》中，我並未寫序，而是由卡爾薩崗代勞。我在誌謝文中，謹記對大家致謝，包括曾經贊助的基金會。不過，這好像讓申請補助的案件爆增不少，對這些基金會造成困擾。

我想所有人，包括出版商、經紀人或我自己在內，都沒料到《時間簡史》會大受歡迎。這本書榮登《週日泰晤士》報暢銷書排行榜高達兩百三十七週，可謂前所未有（顯然聖經和莎士比亞未計算在內）。不僅如此，《時間簡史》也翻譯成四十種語言，平均全球每七百五十人中便有一人掏腰包購買。正如先前在我這裡做博士後研究、現今任職微軟公司麥佛德（Nathan Myhrvold）

的妙言妙註：霍金老師靠物理賣的書，比瑪丹娜靠性賣的書還多呢！

《時間簡史》有幸暢銷，顯見大眾對於一些「大哉問」抱持濃厚的興趣。這些問題包括：我們從何而來？宇宙為何是今日面貌？不過，我知道大家覺得書中有些地方深奧難懂，所以本版重點在於加入大量圖片，看起來更加明顯易懂；就算只看圖文，便能掌握梗概。

自從《時間簡史》首版出版後（一九八八年四月愚人節），如今我趁此機會得以放入最新的理論與觀測結果，並增加專門一章談蟲洞和時間旅行。「蟲洞」指連接不同時空區域的狹小通道，愛因斯坦在廣義相對論

曾提出「創造並維持蟲洞」的可能性，或許我們有一天可望利用蟲洞穿梭星際或回到過去。當然，我們從未見過有人來自未來（或者早已來過？），我在書中將提出解釋。

我也會談到最近「二元性」的理論進展；「二元性」指看似不同的物理理論，實際具有的對應關係。這些對應性強烈顯示有一個完整的物理統一理論存在，但是可能無法用「單一」的基本理論呈現，而是必須視不同情況，套用該基本理論的不同面向；好比無法光靠一張地圖完整呈現地球表面，必須使用不同的地圖涵蓋不同的區域一樣。這勢必革新我們對統一科學法則的觀點，然而萬變不離其宗的是：宇宙是由一套理性法則支配，人類應該能夠發現並理解這套法則。

從觀測上來說，這幾年最重要的發展是由宇宙背景探索者衛星（COBE）等實驗觀測對宇宙背景輻射起伏的偵測。這些起伏可謂是宇宙創生的指紋，因為早期宇宙大體上均勻一致，而細微的不規則便演化出今日所見的星系、恆星與萬事萬物。其型態符合宇宙在虛數時間上不具邊界或邊緣的假說之預測，然而仍有待進一步的觀察，才能知道該假說可否真正解釋宇宙背景起伏。不過，我認為再過幾年便可釐清「宇宙純粹是自然完備，並無開始或終點」的說法，究竟是否值得相信了。

史蒂芬・霍金
劍橋，一九九六年五月

序

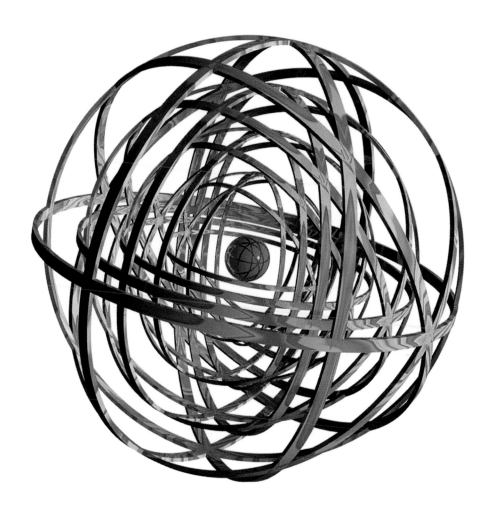

1
宇宙觀的演進

曾經，有位知名的科學家（有人說是羅素）進行一場天文學演講。他談到地球繞行太陽運轉，而太陽又圍繞眾多恆星構成的銀河系中心運轉。演講快結束時，後排有位矮小的老婦人起身駁斥：「胡說八道！這世界根本是一塊平地，由一隻巨龜背負著。」科學家嘴角揚起微笑，問道：「那麼，此巨龜站在哪裡呢？」老婦人答道：「自以為聰明的年輕人，就是烏龜疊烏龜，一路相疊啊！」

多數人會覺得把宇宙想成烏龜疊成的高塔太荒謬可笑了，然而我們憑什麼認為自己更了解呢？我們對宇宙認識多深入，又如何認識宇宙呢？宇宙從何而來，又從何而去呢？宇宙有無開始，若真有開始，那之前呢？時間的本質為何，時間會不會結束，人類又能回到過去嗎？最近物理學的突破（部分歸功於科技突飛猛進），對於這些人類長久以來探尋的問題提出一些答案。有一天，這些答案或許如地球繞太陽般天經地義，或許有如烏龜高塔般荒謬可笑，一切唯有靜待「時間」（暫不論其意）才能揭曉了。

早在西元前三百四十年，希臘哲學家亞里斯多德便在《論天》（*On the Heavens*）

北極星方向

圖1.1

●左頁圖：印度的宇宙觀是將地球看做由六隻大象負
載，中間的煉獄是由巨龜和蟒蛇相夾而成。
●左圖：中世紀對古希臘宇宙觀的描繪：世界是漂浮
於水面的平坦陸地，由四項基本元素構成。
●上圖：亞里斯多德（羅馬時期仿自西元前四世紀的
希臘原作）。

中，對於地球是圓球體而非平面的主張，提出兩項有力的論證。首先，他了解月食是因為地球在日月之間所造成。因為地球在月球上的陰影是圓形，所以唯有地球是球形才有可能；如果地球是平坦的碟子，則陰影會壓縮成為橢圓形，除非每次月食發生時太陽都

剛好在平碟正下方。第二點，希臘人從航海旅行中發現，從南方看北極星，會比從北方看位置更低一點（因為北極星位於北極上方，在北極的觀察者會認為北極星位於頭頂正上方，在赤道的觀察者會認為北極星出現在地平線上，見圖1.1）。

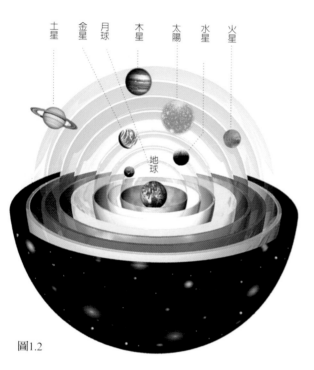

土星　金星　月球　木星　太陽　水星　火星

地球

圖1.2

托勒密以四分儀測量月球視仰角（巴塞爾／1508年）。

　　由於北極星在埃及和希臘的位置明顯不同，亞里斯多德據此推估出地球的周長爲四十萬視距儀（stadium）。雖然無法確定視距儀到底多長，但大約爲200碼，因此亞里斯多德的估計是地球實際周長的兩倍。希臘人更提出第三個論點支持地球一定是圓形，那就是會先看到船帆出現在地平線上，再來才會看到船身出現。

　　亞里斯多德主張地球靜止不動，而日月星辰皆以圓形軌道繞轉地球，因爲他隱約覺得地球應當是宇宙的中心，而圓形運動正是最完美的形式。西元二世紀時托勒密將此進

圖1.3

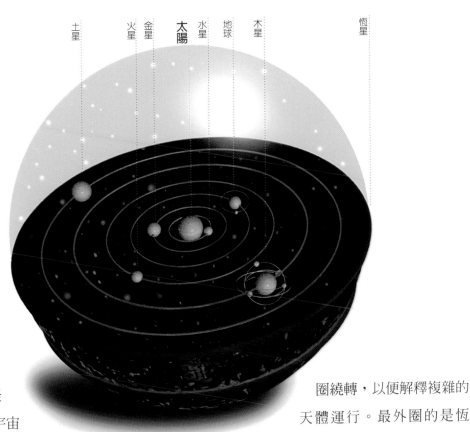

土星　火星　金星　**太陽**　水星　地球　木星　恆星

一步闡揚，提出一個完整的宇宙模型。在這個模型中，地球是宇宙中心，有八個球面包圍繞轉，上面有太陽、月球、眾多恆星，與當時已知的五個行星——水星、金星、火星、木星和土星（見圖1.2）；行星在各自的球面上進行小圈繞轉，以便解釋複雜的天體運行。最外圈的是恆星，彼此的相對位置固定，但是會一同環繞天際運轉。至於最外圈之後究竟為何，沒有人知道，也非當時所能觀測。

托勒密模型可預測天體位置，大抵相當正確。然而要正確預測位置，必須假設月球

外面留有許多空間容納天堂與地獄，更讓教
會十分稱許。

不過，一五一四年波蘭教士哥白尼提出
更為簡單的模型；也許擔心被教會斥為異
端，他最先以匿名方式提出。哥白尼的想法
是太陽位在中央靜止不動，地球等星體以圓
形軌道繞太陽運轉（圖1.3）。然而，這個
想法遲至近百年之後才獲得重視，當時出現

N. COPERNICUS.

上圖：哥白尼（1473-1543年）。
右圖：克卜勒的理論模型利用一系列同心的各式立體
解釋行星軌道（1596年）。

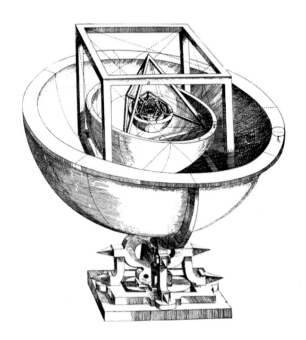

與地球距離變化有兩倍之多，代表月球有時
候會比平常大兩倍！托勒密明白有這項缺點
存在，但是大多人已能接受，教會甚至認可
這幅世界圖像符合聖經義理，而這模型在最

德國的克卜勒（Johannes Kepler）與義大利的伽利略（Galileo Galilei）兩位天文學家，開始公開支持哥白尼的理論，儘管其預測與實際觀察到的軌道並不十分相符。一六〇九年，伽利略用剛發明的望遠鏡觀測夜空，終於對亞里斯多德／托勒密的理論發出致命一擊。當伽利略觀察木星時，發現旁邊有幾顆小衛星環繞，顯示並非所有物體都像兩位前人主張必須繞地球運轉（當然，還是可以相信地球是固定的宇宙中心，木星的衛星以十分複雜的路徑繞地球運轉，只是看起來像繞木星運轉而已；不過，哥白尼的理論簡單多了）。大約同時，克卜勒修正哥白尼的理論，指出行星是以橢圓軌道運轉，而非以圓形軌道運轉，此刻預測終於與觀測吻合了。

就克卜勒來說，橢圓形軌道是不討人喜歡的假說，因為橢圓很明顯不如圓形完美。當克卜勒意外發現橢圓軌道與觀察符合之後，更是無法用他自己行星是受磁力影響而繞轉太陽的理論解釋。直到一六八七年牛頓

伽利略（1564-1642年），1744年在帕度亞的雕刻像。

出版《自然哲理之數學原理》，這項規則才獲得完滿解釋。《數學原理》或許是物理史上最重要的著作，牛頓提出了物體在時間和空間中的運動理論，同時也發展出複雜的數學分析方法。此外，牛頓提出萬有引力定

「和諧大宇宙」（Harmonia Macrocosmica）於1708年出版，首頁有哥白尼、托勒密和伽利略三人的畫像。

律，指出宇宙萬物都會互相吸引，此作用力會隨物體質量增加與距離減少而增加，也是造成物體掉落地面的同一種作用力（傳說牛頓是被蘋果打到腦袋而受到啓發的故事，應該是以訛傳訛。牛頓只說過自己坐在樹下「陷入沈思，偶然間看到一顆蘋果掉落地面」，因而產生重力的想法）。牛頓也指出，根據萬有引力定律，重力會使月球以橢圓形軌道繞轉地球，並且讓地球等行星以橢圓形軌道繞轉太陽。

哥白尼模型拋棄托勒密模型的天球面，以及宇宙具有邊界的想法。既然除了因地球自轉而造成天際轉動之外，「恆星」並不會改變位置，那麼自然可以推論它們與太陽一樣，只是位置更爲遙遠而已。

牛頓了解到，根據重力理論星體會互相吸引，所以不可能維持靜止不動，那麼爲何不會全部互相吸引而相撞呢？一六九一年在寫給另一名權威思想家班特利（Richard Bentley）的信件中，牛頓指出，若是數量有

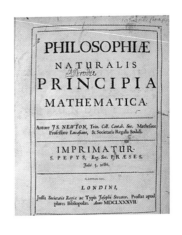

掉落的中心點，也就不會全部吸聚在一起。

在談論「無限」的問題時，常會掉入上面的陷阱中。事實上，在無限大的宇宙中，每個點周圍都受到無限多的星體包圍，所以每個點都可視爲是中心。經過許久之後，大家才明白正確的方式是先假設「有限」的情況，在裡面所有星體都會向某個中心掉落，之後再思考在外面加入更多均勻分佈的星體時，將會有何變化。結果可發現，不管加入多少星體，最後還是會發生崩塌，讓我們明白在重力永遠是引力的宇宙中，是不可能存在靜止模型的。

這裡很有意思，點出在廿世紀前尚未有人提出宇宙擴張或收縮的見解時，大家對於

牛頓（1642-1727年），根據瓦德班克繪像翻製（1833年）。

限的星體分佈在有限的空間中，才會導致這種推論；他聲稱如果有無限多的星體大抵均勻分佈在無限的空間中，因爲沒有可以往下

自然或物理的普遍思考氛圍。當時流行兩派見解，一派認為宇宙會亙古常存、永恆不變，另一派主張宇宙在過去某刻創生，便是與如今相似的面貌。這部分反映出人們傾向於相信永恆的真理，想到縱使自己年老死去，宇宙仍永遠存在，或許心裡能獲得些許慰藉。

即使了解牛頓的重力理論顯示宇宙不可能是靜止的，但人們還是沒想到宇宙可能正在擴張當中。相反地，物理學家們試圖修正理論，讓遠方的重力變成斥力。這對於行星運動的預測不會產生太大的影響，但是卻可以讓無限分佈的星體維持穩態平衡，因為鄰近星體之間的引力會受到遠距星體之間的斥力所平衡。不過，現在知道這類平衡並不穩定：如果某個區域的星體彼此稍微靠近，那麼之間的引力便會增強而超過斥力，使得星體互相吸引而向彼此墜落。同樣的道理，如果星體彼此的距離稍微遠些，則斥力會增強，使得星體更加遠離。

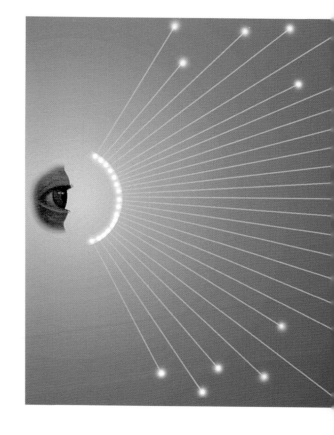

另一派反對無限大穩態宇宙的意見，一般首推在一八二三年提出理論的德國哲學家奧伯斯（Heinrich Olbers）為代表。事實上，牛頓當時許多人已提過相同的問題，他所提出的辯解也不正確，但卻率先獲得注

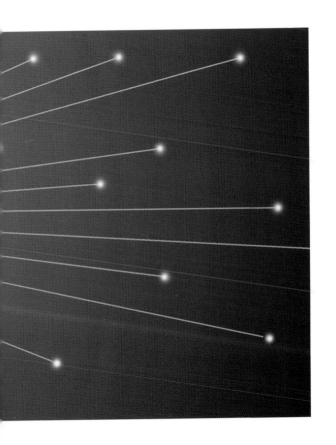

的光線會被星際介質吸收而變黯淡。不過若是如此，星際介質最終還會增高溫度，直到像恆星一般明亮耀眼。想要避免整個夜空會燦爛如晝的結論，唯一的方法是假定恆星不是永遠發亮，而是在過去某刻才開始變亮。在這種情況下，會吸光的星際介質可能還未變熱，或者是從遠方恆星發出的光尚未抵達地球。然而，這又帶出下一個問題：什麼原因讓恆星開始閃爍呢？

當然，探討宇宙起源的歷史源遠流長。根據早期的宇宙學，以及猶太教／基督教／回教的傳統教義，宇宙誕生於不久之前的某刻。這種起源的論據，在於認為必須有「起因」才能解釋宇宙的存在（在這個世界裡，我們總是認為凡事有起因，但是就宇宙本身存在的問題，唯有宇宙具有一個起源時，才能套用這番解釋）。另外一個論點是由聖奧

意。關鍵的難題是在無限大的穩態宇宙中，所有視線最後都會落在某個恆星上（圖1.4），表示整個天空會亮如太陽，連夜晚也不例外，這當然和日常經驗相違背。奧伯斯提出的解決之道，是假設遠方恆星所發出

圖1.4：如果宇宙無限大又靜止，則所有視線最後都會落在某個恆星上，使得夜空燦爛如晝。

創世第二日，卡羅斯費爾德於1860年繪。

古斯丁在《天主之城》（*The City of God*）提出，他表示文明不斷進展當中，但是我們記得誰創下豐功偉業或發明某項技術，可見人類或這個世界並未存在太久的時間。最後聖奧古斯丁根據《創世記》，估計宇宙創生的時間大約在西元五千年前（有趣的是，這與西元一萬年前史上最後一個冰河期結束的時間相差不遠，也正是考古學家指文明眞正開始的時間）。

　　然而，亞里斯多德和大部分希臘哲人都不喜歡「創生」的想法，因爲摻雜太多神蹟干涉的味道了。他們相信，人類與世界一直存在，而且會永恆存在。古人已經思考過上述文明發展暗示時間有限的論述，但是認爲週期性的洪荒天災，會不斷讓人類重新回到文明的起點。

　　宇宙是否有開始的時間，以及空間是否有限等問題，後來皆受到哲學家康德嚴密的檢驗。康德在一七八一年出版劃時代（且艱澀難懂）的巨著《純粹理性之批判》

（*Critique of Pure Reason*），稱這些問題乃純粹理性之矛盾，他覺得不管是正說主張宇宙有起源，或者是反說主張宇宙永恆存在，兩邊說法同樣強烈可信。他對正面說法的支持看法是，如果宇宙沒有開端，那麼在任何事件發生之前將會有無窮的時間，這樣太荒謬了。他對反面論述的支持看法是，如果宇宙具有開端，那麼在宇宙誕生之前將有無窮的時間存在，那麼爲何宇宙要會在某個特定時間開始呢？事實上，康德對正反兩面的論點完全相同，背後隱含的假設都一樣：不管宇宙存在與否，時間永恆存在。本書接下來會告訴大家，在宇宙開始之前，時間的概念並沒有意義，這點早已由聖奧古斯丁首先指出。當時有人問道：「上帝在創造宇宙之前在做什麼？」聖奧古斯丁並不是回答：「祂在爲提出這種問題的人準備地獄。」相反地，他說時間是上帝創造宇宙時賦予的一項特質，時間在宇宙開始之前並不存在。

　　當大多數的人相信宇宙本質上是靜止不

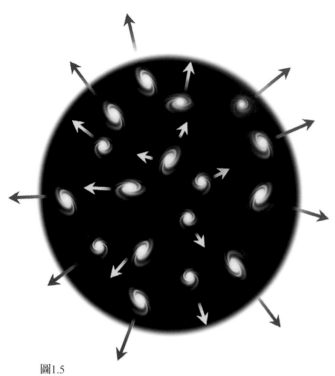

圖1.5

早以前，星體彼此之間比現在更加靠近。事實上，似乎存在某個時間（大約是一、兩百億年前），星體全部位在同一處，也就是宇宙密度無限大之時。這個發現終於將宇宙起源的問題，帶進科學的範疇。

依據哈伯的觀察，有一個稱為「大霹靂」的時刻存在，當時宇宙極小又極稠密。在這種情況下，所有的科學法則以及預測未來的能力都瓦解了。若是在大霹靂之前有任何事件，因為沒有可以觀察的結果，也就不會影響現在發生的事情，所以可以忽略不管；我們可以說時間在大霹靂開始了，因為先前的時間無法定義。這裡應該要強調，現在所說的「時間有開始」，與前面的討論大不相同。如果宇宙是不變的，時間的開始必須由宇宙之外的神祇所賦予，並不需要有實質的開端，換句話說，上帝可以在過去任何時間創造整個宇宙。相較上，如果宇宙正在擴張，那便有實質的理由說明為何必須有一個開端才行。當然我們還是可以想像上帝

變的時候，宇宙究竟有無起源的問題被歸屬於形上學或神學的範疇。不管是認為宇宙永恆存在，或者是主張宇宙在某個時刻開始但彷彿永恆存在般的觀點，都可以和觀察到的現象解釋得通。然而，一九二九年哈伯做出劃時代的觀測，他發現不論往哪個方向觀察，遠處的星系都快速遠離地球，換句話說宇宙正在擴張當中（圖1.5）。這代表在更

在大霹靂那刻創造了宇宙，或甚至之後才創造了宇宙，只是弄得像大霹靂發生過一樣；但是假設宇宙在大霹靂之前創造的話，那就沒有意義了。擴張的宇宙並未排斥創造者的存在，但卻對上帝的無所不能加諸限制。

　　要探討宇宙的本質，以及討論宇宙是否有開端或結束的問題，首先必須先了解科學理論的意義。我在這裡採取最簡單的觀點，將理論視爲是宇宙或有限部分的模型，有一套規則將模型的量值與觀察做連結。理論只存在我們的心中，並不具備任何「眞實」（不管「眞實」意義爲何）。好的理論需要滿足兩項要求：以只含幾項任意要素的模型爲基礎，能對一大類觀察做正確描述，並能對未來的觀察結果做明確預測。例如，亞里斯多德指萬物皆由水、火、土、氣四大元素構成，這個理論在簡單方面算是合格，但是並未做出明確的預測。相較上，牛頓重力理論是以更簡單的模型爲基礎，指物體會互相吸引，此作用力與質量成正比，與兩者距離

哈伯（1889-1953年），1924年攝於威爾遜山天文台。

的平方呈反比。而且，該理論對於日月星辰運動的預測，達到相當高程度的精準。

　　任何物理理論都是暫時的，因爲理論只是假設，永遠無法證明。不管有多少次的實驗結果吻合某個理論，都無法保證下次的結

果不會發生牴觸。但是，只要有一次觀察與理論的預測不吻合的話，便可以推翻該理論。正如學者巴柏（Karl Popper）強調，好的理論特色在於提出一些預測，原則上可由觀察推翻或駁斥。每次有新的實驗觀察吻合預測時，理論便保留下來，我們對理論的信心也會增強；但是只要有一項新的觀察與理論不吻合時，便要放棄或修正理論。這是大致上的原則，不過我們當然還是可以質疑觀察者的能力是否有問題。

實際上，新理論的提出往往是舊理論的延伸擴張。例如，在對水星進行精準的觀察下，可發現水星的運動和牛頓重力理論的預測些微不同，而愛因斯坦的廣義相對論與牛頓理論的預測又稍微不同。兩相比較，愛因斯坦的預測符合對水星運動的觀測，而牛頓的理論並未完全吻合，這點正是對於新理論的重大肯定。不過，我們大多情況還是會使用牛頓的理論，因為這兩種理論對於日常生活事物的預測，差異都微小到可忽略不計

（牛頓的理論運用起來更為簡便，是一大優點）。

物理科學的最終目標，在於提出能夠描述整個宇宙的理論。然而，事實上大多數科學家將問題分成兩部分。第一個部分是指出宇宙如何隨著時間演進變化的法則（如果知道宇宙在某時刻的狀態，則物理法則可告訴我們宇宙後來任何時刻的狀態）；第二個部分是關於宇宙初始態的問題。有些人覺得科學應該只涉及第一個部分，將初始態的問題歸屬於形上學或宗教的範疇，認為萬能的上帝可以任憑喜好創造宇宙。或許是這樣沒錯，但是上帝也可以讓宇宙隨便發展，然而祂似乎選擇讓宇宙按照某些法則循序發展。因此，似乎也可合理假設有支配初始態的法則存在。

結果，科學家發現要提出一個理論來描述全部的宇宙可謂非常困難，於是將問題拆

左頁圖：射手座方向銀河系中心。

開來，發明了一些「部分理論」（圖
1.6）。每個部分理論只描述與預測有限的
觀察，忽略了其他量值的效應，或僅以簡單
的常數來近似。這種方法有可能全盤皆墨，
如果宇宙萬事萬物本質上都環環相扣，則單
獨拆解問題恐怕難以窺得全貌，無法獲得一
個完整的解答。然而，科學家過去用這種方
式確實有所進展，牛頓的重力理論又是一個
經典的例子。該理論指出兩個物體之間的重
力大小，只取決於物體質量這個數字，與物
體的組成結構毫無關係。所以，我們在計算
星體的運行軌道時，並不需要恆星或行星成
分結構的理論。

現在，我們用廣義相對論與量子力學兩
大基本的部分理論來描述宇宙，兩者都是廿
世紀上半葉人類最偉大的知識成就。廣義相
對論描述重力作用以及宇宙大尺度的結構，
也就是小至幾哩、大至整個可見宇宙一兆兆
哩的尺度結構。另一方面，量子力學處理極
小尺度的現象，如兆分之一时的大小。可惜

的是，兩個理論有所衝突，不可能全部都
對。所以今天物理學主要努力的方向，也是
本書的重心，在於尋找可以將兩者合併的新
理論，即為量子重力理論。我們至今尚未成
功，也許眼前還有漫漫長路要走，然而我們
已經知道這個理論應該具備的許多特質，以
及不少應該具備的預測。

現在，如果相信宇宙不是任意發展，而
是受到明確法則所支配，那麼我們最終必須
將部分理論合併成為一個完整的統一理論，
能夠描述宇宙中的萬事萬物。但是在探尋的
過程中，存在一個根本的矛盾。上面談到的
科學理論，背後都假定人類是理性的生物，
可以自由隨意觀察宇宙，並做出符合邏輯的
推斷。在這種架構下，可以合理推測我們可
望更加靠近宇宙的支配法則。但如果真的有
一個完整的統一理論存在，照理說也會決定
我們的行動，所以理論本身將會決定我們追
尋理論的結果呢！那麼，為什麼理論要讓我
們從觀察證據中得到正確的結論呢？是不是

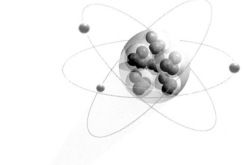

●圖1.6：牛頓理論指重力是所謂的超距作用力，運用
在太陽系很適合，但在強重力場則不然。

●量子力學描述原子尺度以下的現象。

●廣義相對論將重力描述成是受質量
和能量作用而產生的時空彎曲，以
直線運動的物體，路徑看起來會變
彎曲，因為時空彎曲的緣故。

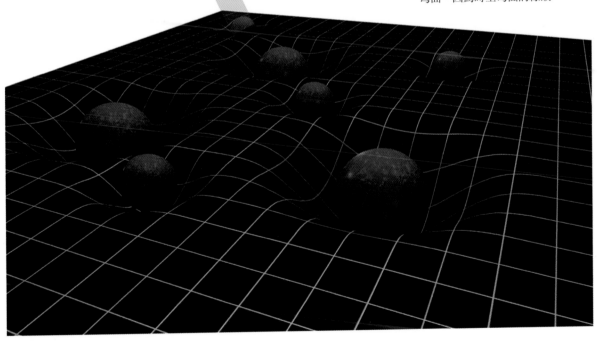

大宇宙：在這張由哈伯望遠鏡觀測拍攝的「哈伯深空」（HDF）
影像圖中，將宇宙中數百個星系一覽無疑。

也同樣可能讓我們得到錯誤的結論，或完全沒有結論呢？

　　對於這個問題，我只能根據達爾文的天擇原理給答案。所謂的天擇原理，指在能夠繁殖後代的生物中，其基因變異與後天教養都會造成個體差異。這些差異意謂有些個體能夠對周遭世界做出更正確的判斷與回應，提升存活與繁衍的機會，其行為與思考模式也將變成主流。現在可以確定的是，過去人類的聰明才智與科學進展為我們帶來生存優勢，但不清楚未來是否依舊如此，因為科學發現也可能毀滅人類，縱使沒有毀滅人類，發現完整的統一理論也可能無助於提昇人類的生存優勢。不過，假設宇宙按照一定的方式演進，那麼天擇賦予人類的理解能力，可望在探尋完整的統一理論時會發揮作用，不至於帶我們走向錯誤的結論。

　　除了最極端的情況外，現有的部分理論已經可以對大多數的情況做出預測，因此要找尋宇宙的終極理論似乎缺乏實際的理由

小宇宙：這張電腦繪圖顯示出在 CERN 1.3偵測器螢幕上，觀察到的粒子尺度事件。

（但值得一提的是，以前大家也認為相對論和量子力學無實際用處，可是最後我們有了核能與微電子革命）。可以這麼說，發現完整的統一理論可能無助於提昇人類生存的機率，甚至不會影響到我們的生活型態，但是自從文明出現，人們從來不滿足將世間萬物看做毫無牽連或無法解釋，而是一直渴望能發現世界運作的根本之道。從古至今，我們一直熱切想知道為什麼自己在這裡，以及從何而來的問題。人類求知若渴的天性，正是繼續追尋統一理論的最佳理由，只是我們的目標不僅僅在於對這個宇宙的完整描述而已。

2
空間與時間

現在對於物體運動的概念，源自於伽利略和牛頓。在之前，人們相信亞里斯多德的主張，指物體自然處於靜止狀態，只有在力或「衝撞」之下才會運動。另外，重物掉落的速度會比輕的物體更快，因為往下拉的力量更大。

亞里斯多德學派傳統上也主張，宇宙的所有支配法則都可以靠純綷思考獲得，沒有必要經由觀察驗證。所以到伽利略之前，都沒有人想過真的去測試不同重量的物體，究竟是否會以不同的速度掉落。傳說伽利略爬到比薩斜塔拋下物體做實驗，雖然這個故事

圖2.1

圖2.2

不同重量的球以相同速度掉落

肯定不是真的，不過伽利略確實做了類似的實驗，讓不同重量的球體滾落平滑的斜坡（圖2.1）。這個情況與讓物體垂直掉落很相似（圖2.2），但是因為速度比較小，所以更容易觀察。根據伽利略的測量，不管物體的重量為何，每個物體的加速度都相同。例如，若是將球放在10:1的斜坡上，那麼不管球有多麼重，一秒鐘後球滾落斜坡的速度約是每秒一公尺，二秒鐘後約為每秒二公尺，以此類推。當然鉛製物體會比羽毛掉落更快，但那是因為羽毛受到的空氣阻力較大

右上圖：伽利略（1564-1642年），由巴席納尼雕刻。雖然伽利略並未真的到比薩斜塔做實驗，然而他提出第一手觀察的原則，改變了科學歷史。

圖2.3：月球上沒有空氣阻力，羽毛和鉛球都會以相同速度掉落。

圖2.4：物體上面的作用力越大，則加速度也會越大；若物體的質量越大，則加速度會變小。

有空氣會阻礙物體掉落，太空人大衛史考特（David R. Scott）以羽毛和鉛球進行實驗，證明兩者確實會在相同的時間掉落地面（圖2.3）。

牛頓進而將伽利略的測量當做運動定律的基礎。在伽利略的實驗中，當物體滾落斜坡時，都是受到相同的作用力（其重量造成），讓物體持續加速。這顯示作用力實際上會一直改變物體的速度，並非如先前所想

圖2.4

25匹馬力

加速度

250匹馬力

250匹馬力

的緣故。如果是兩個不太受空氣阻力影響的物體，例如兩個不同的鉛製物體，那麼將會以相同的速度掉落（圖2.2）。在月球上沒

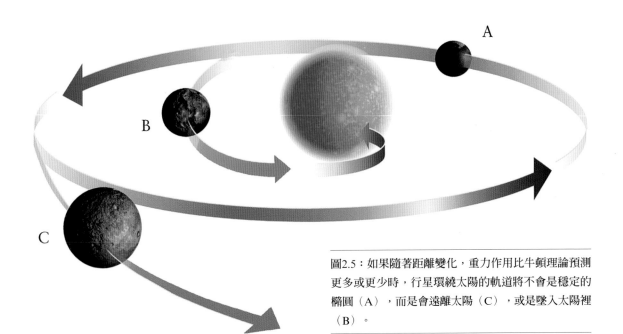

A

B

C

圖2.5：如果隨著距離變化，重力作用比牛頓理論預測更多或更少時，行星環繞太陽的軌道將不會是穩定的橢圓（A），而是會遠離太陽（C），或是墜入太陽裡（B）。

只是讓物體開始運動而已。這也意味著當物體不再受到任何力作用時，將會保持相同的速度以直線前進。這個概念首先見於牛頓於一六八七年出版的《數學原理》，稱為牛頓第一運動定律。至於物體在作用力之下如何運動，則是由牛頓第二定律涵蓋，指物體的速度變化（或稱加速度）與作用力成正比（若作用力為兩倍大，則加速度也會變成兩倍大）；再者，物體的加速度與質量成反比（例如相同的力作用在兩倍質量的物體上，只會產生原本一半的加速度）。以大家都熟悉的汽車為例：當汽車引擎的馬力越強大，加速度就越大；若是車子越重，則相同引擎產生的加速度會變小（圖2.4）。除此之外，牛頓也發現了重力法則，指物體之間會彼此吸引，此作用力與物體質量成正比。因此，在兩個物體中，若是物體A的質量變成兩倍，那麼兩個物體之間的作用力也會變成兩倍。這是可以想見的，因為可以將新的物體A想成是由兩個原先質量的物體組成，每個物體都會以原先大小的作用力吸引物體B，因此A和B之間的總作用力將會是原作用

圖2.6：一部電車以每小時三十哩的速度，通過路邊一個位置固定的桌球員A。從A的觀點來看，電車上桌球彈跳兩次之間的距離相隔13公尺。但是從電車上的球員來看，桌球只在同一點上下跳動，和球員A上下拍球所見景象完全相同。再者，A本身也是乘著地球在太空裡前進，對於在太陽系裡的某位觀察者來說，在桌球兩次彈跳之間，A也旅行了約三萬公尺。

圖2.7：有部電車以每小時5哩的速度往南開，如果B在電車上以每小時5哩的速度朝北走，那麼對於地面上的觀察者（A）來說，B看起來像靜止不動。不過，如果B用相同的速度在往北行的電車（C）上行進，那麼對於A來說，B看起來像是以每小時10哩的速度前進。

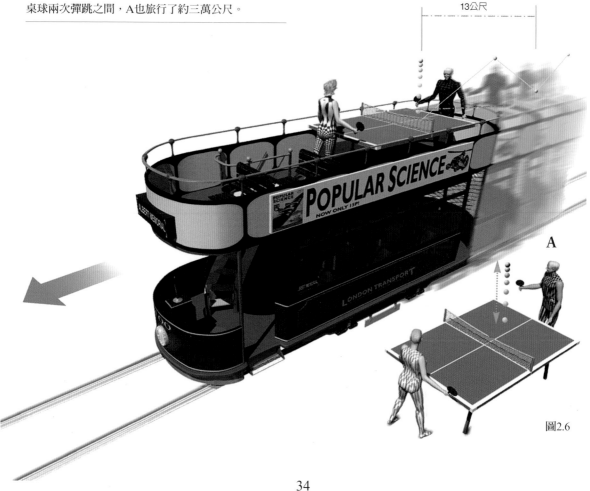

圖2.6

圖2.7

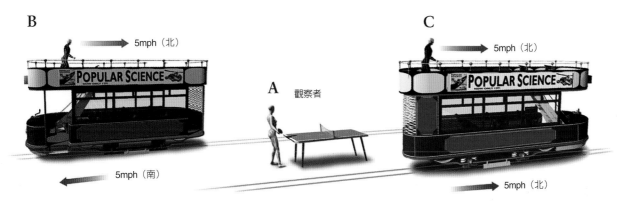

B

5mph（北）

POPULAR SCIENCE

5mph（南）

A　觀察者

C

5mph（北）

POPULAR SCIENCE

5mph（北）

力的兩倍大。再者，如果有一個物體的質量是兩倍大，另一個物體的質量是三倍大，那麼作用力會變成六倍大。現在可以明白為什麼所有物體都會以相同速度掉落，例如重量兩倍大的物體會有兩倍大的重力將它往下拉，但是它也會有兩倍的質量，根據牛頓第二運動定律，這兩種效應將會彼此抵消，所以加速度都會相同。

　　牛頓的重力法則也指出，當物體之間的距離越遠，則作用力會變得越小，例如距離變兩倍時，作用力為原先的四分之一。這項法則精準預測了地球、月球和行星的位置，

如果重力作用隨距離變化而增減更為迅速時，行星的軌道將不會是橢圓形，而是會墜入或逃離太陽了（圖2.5）。

　　相較於伽利略與牛頓的想法，亞里斯多德最主要的差別在於相信物體自然上處於靜止狀態，除非受到某種力或衝力作用，特別是他相信地球靜止不動。然而根據牛頓定律，沒有絕對的靜止標準存在，我們可以說物體A靜止不動，物體B則相對於物體A以固定速度在運動；同樣地，也可以說物體B靜止不動，而物體A正在運動。例如，姑且不論自轉與公轉，我們可以說地球靜止不

動，有部電車以每小時三十哩的速度向東前進；也可以說成電車靜止不動，地球以每小時三十哩的速度往西運動（圖2.7）。若是在電車上以運動中的物體進行實驗，則牛頓定律仍然全部成立。例如在電車上打桌球，將發現和在軌道旁邊打桌球一樣，都會遵守牛頓定律，所以沒有辦法區分究竟是電車在動，還是地球在動。

　　缺乏絕對的靜止標準，意味著無法決定不同時間發生的兩個事件，究竟是否發生在相同的空間位置上。例如，假設火車上的桌球每秒在桌面上下彈跳一次（圖2.6），對於軌道旁邊的觀察者來說，兩次彈跳約相隔13公尺遠，因為這是桌球兩次彈跳之間電車駛離觀察者的距離。

　　因此，缺乏絕對靜止意味著無法給定某個事件在空間中絕對的位置，這和亞里斯多德的想法不同。實際上，事件的位置與兩事件之間的距離，對於在電車上與軌道旁的觀察者來說不一樣，而且沒有理由說誰的立場比較好。

　　牛頓對於缺乏絕對位置（或稱為絕對空間）這點甚感焦慮，因為不符合他對絕對上帝的信仰。事實上，他拒絕接受沒有絕對空間的想法，即使自己的定律如此顯示。許多

人都嚴厲批評他這種非理性的堅持，最著名的是柏克萊主教，這位哲學家相信所有物質、時間與空間都是虛幻。有人將柏克萊的說法告訴了著名的強森博士，結果他一腳踢向一顆大石頭，喝斥一聲：「這石頭也不存在嗎？」

　　亞里斯多德和牛頓都相信「絕對時間」，認為可以明確測量出兩個事件的時間間隔，且不管誰進行測量，只要使用的時鐘沒壞掉，都會得到相同的結果。對於他們來說，時間完全與空間獨立無關，這也是大多數人具備的「常識」。然而，我們必須改變對於空間和時間的概念，雖然用常識來應付蘋果或行星等運動相對緩慢的事物依然管用，但若是碰到以光速或接近光速行進的物體時，常識便完全不管用了。

　　在一六七六年，丹麥天文學家羅默（Ole Christensen Roemer）首度發現了光速有限、但極為快速的事實。他推論，如果木星的衛星以等速環繞木星，則每次觀察到衛

左頁圖：羅默位於哥本哈根家中的光速儀（1735年雕刻作品）。
上圖：馬克士威（1831-1879年）。

星被木星擋住的時間應該會相等，但是他所觀測到的結果卻非如此。天文學家都知道，當地球與木星繞轉太陽時，兩者之間的距離會改變，羅默注意到當地球遠離木星時，木星衛星被遮掩的時間也較久。他主張這是因為當地球遠離木星時，木星衛星的光也需要比較久的時間才會抵達地球。因為羅默測量

木星與地球距離變化並不太準確,所以得到的光速為每秒140000哩,而現代的測量值則為每秒186000哩。不過,羅默不僅證明光行進的速度有限,並且測到光速的值,這些重要的成就甚至比牛頓出版《數學原理》早了十一年。

接下來,直到一八六五年英國物理學家馬克士威(James Clerk Maxwell)才為光的傳播提出正確的理論。馬克士威成功地將當時描述電力與磁力的部分理論統一,其方程式預測在統一的電磁場中會有波狀的擾動,並以固定速度前進,就像池塘裡的漣漪一樣。如果這些波的波長(兩個相鄰波峰或兩個波谷之間的距離)大於一公尺,是現今所稱的「無線電波」,比較短的波長稱為「微波」(波長幾公分)或紅外線(波長大於萬分之一公分);可見光的波長介於千萬分之四至千萬分之八公尺,更短的波長有紫外線、X射線與伽瑪射線。

馬克士威的理論預測無線電波與光波應

該以某個固定的速度前進,但是牛頓的理論已經揚棄了絕對靜止的想法,所以若稱光波以固定的速度前進,則必須指出固定的速度是相對於何物測量。因此,有人提出「以太」(ether)的想法,稱這種物質無所不在,包括在真空裡,而光波在以太中行進,正如同聲波在空氣中行進一般,因此光波的速度應該是指相對於以太的速度;當不同的觀察者相對於以太運動,將會看到光以不同的速度前進,但是光波相對於以太的速度會保持固定。舉例來說,當地球在以太中環繞

太陽旋轉時，朝地球運行方向量得的光速應該比與地球運行方向垂直的光速還快，因為前者的觀察者隨著地球朝向光源運動。

在一八八七年，邁克生（Albert Michelson）（後來成為第一位獲頒諾貝爾物理獎的美國人）和莫里（Edward Morley）在克里夫蘭凱斯應用科學學院進行一場十分謹慎的實驗，他們比較地球公轉方向和垂直方向所測得的光速，意外發現兩者竟然相同！

在一八八七年和一九○

●左頁圖左：邁克生（1852-1931年）。
●左頁圖右：莫里（1838-1923年）。
●左圖上：龐加萊（1854-1912年）。
●上圖：愛因斯坦（1879-1955年），1920年攝於德國。

五年之間，有些人嘗試以物體在以太中運動會縮短或時鐘會變慢等理由，來解釋邁克生-莫里的實驗結果，其中以荷蘭物理學家

洛倫茲（Hendrik Lorentz）最為著名。然而，一九〇五年瑞士專利局一位沒沒無名的職員愛因斯坦，提出一篇顛覆世界的論文，他指出以太的想法完全沒有必要，只要願意放棄絕對時間的概念即可。數周之後，法國數學家龐加萊（Henri Poincaré）也提出類似的觀點。由於愛因斯坦的論點比較接近物理，不像龐加萊視此為數學問題，因此通常都歸功於愛因斯坦提出這項新理論，不過龐加萊也被認為具有重大貢獻。

相對論的基本假設是指對於所有自由運動的觀察者來說，科學法則都應該相同，不論觀察者的運動速度為何。這點對牛頓的運動定律也成立，但是現在整個概念延伸包括馬克士威理論和光速，也就是無論觀察者運動速度多快，大家都會測量到相同的光速。這個簡單的想法導出一些驚人的結果，其中最廣為人知者或許是質（量）能（量）等效，也就是愛因斯坦著名的方式程 $E=mc^2$（E是能量，m是質量，c是光速）。另一點

是相對論指出，沒有事物可以傳播比光速更快。因為質能等效，物體運動時所獲得的能量，會增加其質量，使得要增加速度更難。但這種效應只有對以接近光速運動的物體才會顯著，例如，以10%光速運動的物質，其質量較一般增加0.5%，而以90%光速運動的物體，其質量將是正常質量的兩倍以上。當物體越接近光速，質量增加會越為快速，所以需要更多能量才能加速。然而，事實上永遠到達不了光速，因為質量會變得無窮大，而根據質量等效的原理，也會需要無窮大的能量才能到達光速。在相對論這點限制下，任何正常物體的運動速度永遠低於光速；只有光或其他不具任何質量的波，才能以光速運動。

相對論產生另一項同樣驚人的結果，是革新人類對於時間和空間的概念。在牛頓的理論中，如果光從A點行進到B點，不同的觀察者會對經過的時間有共同的答案（因為時間為絕對），但對於光行進的距離，則不

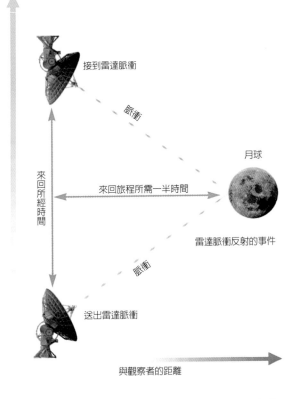

圖2.8：垂直方向是時間，水平方向是與觀察者的距離。觀察者在時空中的路徑是左邊的垂直線，脈衝往返事件的路徑是兩條對角線。

一定會有相同的答案（因為空間非絕對）。既然光的速度是行進距離除以所經時間，因此不同的觀察者會測到不同的光速。但是在相對論中，所有觀察者都必須對光速有共同

的答案，如果大家對於光行進的距離不具共識，那麼對於光所經的時間也會產生不同的看法。換句話說，相對論終結絕對時間的概念了！現在，每個觀察者都會測到自己的時間，縱使帶著一模一樣的時鐘，所測得的時間也不見得相同。

我們可以用雷達定出一個事件發生的時間與地點，將訊號以光或無線電波發出。部分的光脈衝會被受測物體反射回來，觀察者測量接到回聲的時間，該事件發生的時間便是在送出脈衝與接到反射的一半時間：事件的距離是來回所經一半時間再乘以光的速度（在這層意義上來說，事件是發生在空間與時間中特定一點的事情）。圖2.8是一份時空圖，進行相對運動的觀察者利用這種方式，各自賦予同一事件不同的時間和位置，沒有誰的測量更為正確，所有的測量都是相對的；假若其中任一個觀察者知道其他觀察者的相對速度，便可正確推知他們給定該事件的時間和位置了。

現在，正是用這種方式來準確測量距離，因為我們對時間的測量比長度更為精確。科學家利用銫時鐘，將一公尺定義為光在0.00000003335640952秒所行進的距離（這個獨特的數字讓「一公尺」的最新定義與傳統定義一致，原來的「一公尺」指巴黎一根白金棒上兩個刻度之間的距離）。同樣地，也可以使用更簡單方便的長度新單位「光秒」，定義是光在一秒內行進的距離。由於相對論以時間與光速來定義距離，所以每個觀察者自然會測量到相同的光速（根據定義，光速為每0.00000003335640952秒行進一公尺），這樣就沒有必要引入「以太」的概念，反正在邁克生與莫里的實驗中，根本偵測不到以太的存在。相對論迫使我們徹底改變時間和空間的概念，我們必須接受時間並未完全獨立於空間存在，而是會結合形成所謂的「時空」。

我們都知道，在日常生活中可用三個數字（即座標），來描述空間中一點的位置。

例如，可以說房間中有一點離一面牆壁七公尺遠，離另一面牆壁三公尺遠，離地板五公尺高；或者，也可以說有一點在經度、緯度與海拔多高之處。我們可以自由選用適當的三個座標，不過適用範圍會有一定的限度。例如，我們不能將月球的位置描述成在倫敦皮卡迪利（Piccadilly）北方幾哩、西方幾哩與海拔幾呎之處，但可以描述成月球與太陽的距離、與行星軌道面的距離，以及以太陽為中心，月球位置與半人馬最近星形成的交角。不過，這個座標系仍然無法用來描述太陽在銀河系的位置，或是銀河系在鄰近星系群中的位置。實際上，我們可以用一大堆重疊的區塊來描述整個宇宙，每個區塊中可以用三個數字為一組的座標，來指定任何一點的位置。

所謂的「事件」，指發生在空間中某一點與某個時刻的事情，可以用四個數字或座標確立。同樣地，我們可以任意選擇座標，使用任何三個有明確定義的空間座標與任何

的時間度量。在相對論中，空間與時間座標並沒有真正的區分，就如同任何兩個空間座標並無二致一樣。我們可以選定一組新的座標，讓新的空間座標成為先前第一個與第二個座標的結合，例如不再說地球上某一點離皮卡迪利北方與西方幾哩，而是說成離皮卡迪利東北方與西北方幾哩。同樣地，在相對論中可以使用一個新的時間座標，以舊的時間（以秒計）加上與皮卡迪利北方的距離（以光秒計）結合而成。

通常，將一個事件的四個座標想成是在「時空」的四維空間中特定的位置，將會使意義更加明瞭。人類不可能想像四維的空間，我個人覺得想像三維空間就夠困難了！不過，要畫二維空間圖卻很容易，如地球表面（地球表面是二維度，因為用兩個座標如

經度與緯度，便能指定一點的位置）。本書中，我用的座標圖是以時間為垂直軸，空間維度為水平軸，另外兩個空間維度可忽略，或有時將其中一個空間維度以透視投影表示（這些圖稱為時空圖，如圖2.8）。以圖2.9為例，垂直的時間軸以年為單位，水平軸是從太陽到半人馬座阿爾法星的距離（以哩計）。太陽和半人馬座阿爾法星在時空中的路徑，以圖左右的兩條直線為表示，從太陽發出的光走對角線，經過四年才抵達半人馬

圖2.9：這個時空圖顯示從太陽發出的光，以對角線抵達半人馬座阿爾法星的情況；太陽和半人馬座阿爾法星在時空中的路徑都是直線。

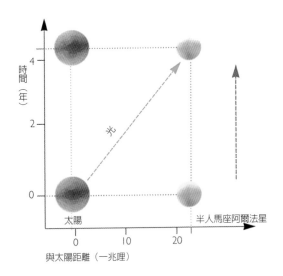

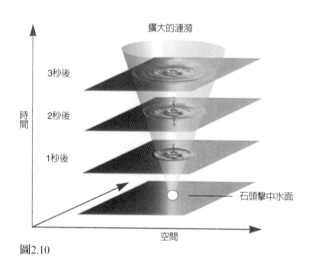

圖2.10

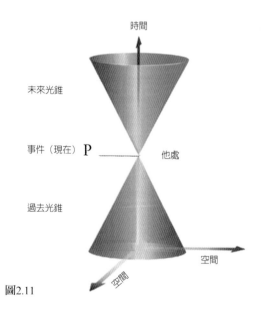

圖2.11

座阿爾法星。

　　先前提過，馬克士威的方程式預測不管光源的速度為何，光速都會相同，這點已由精準的測量確認。在這種情況下，假如有一道光脈衝在某個特定時刻於空間中某個特定地點發出，隨著時間將會變成一顆光球，其大小和位置都與光源本身的速度無關。在百萬分之一秒後，光會變成半徑300公尺的光球；在百萬分之二秒後，光會變成半徑600公尺的球，以此類推。這就像是將一顆石頭丟進池塘裡，隨著時間圓形的漣漪會越盪越開、越盪越大。若是將不同時間拍攝所得的照片相疊，就會看到一圈圈擴大的漣漪會形

圖2.10：這是漣漪在水面擴散的時空圖，一圈圈擴大的漣漪在時空中形成一個錐體，由兩個空間維度與一個時間維度組成。

圖2.11：從事件P發出的光脈衝，其路徑會在時空中形成一個光錐，稱為「P的未來光錐」。同樣地，「P的過去光錐」是由將會通過事件P的全部光線路徑所構成。這兩個光錐將時空區分成P的未來、過去與他處。

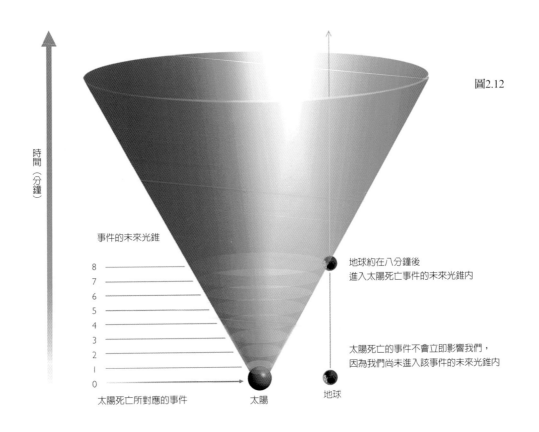

圖2.12

時間（分鐘）

事件的未來光錐

8
7
6
5
4
3
2
1
0

太陽死亡所對應的事件　　　　　太陽　　　地球

地球約在八分鐘後
進入太陽死亡事件的未來光錐內

太陽死亡的事件不會立即影響我們，
因為我們尚未進入該事件的未來光錐內

成一個三角圓錐，頂點正是石頭丟進水裡的那刻與地點（圖2.10）。同樣地，從一個事件發出的光會在（四維）時空中，形成一個（三維）錐體，稱為事件的「未來光錐」。我們也可以如法炮製，畫出「過去光錐」，包含可以光脈衝到達該特定事件的全部事件（圖2.11）。

圖2.12：這張時空圖顯示當太陽死亡時，地球上的人類需要多久才會知道。

給定一個事件P，可將宇宙中其他的事件分為三類。當粒子或波以光速或低於光速從P出發而可抵達的事件，稱為在P的未來。這些事件位於從事件P發出並擴張的光

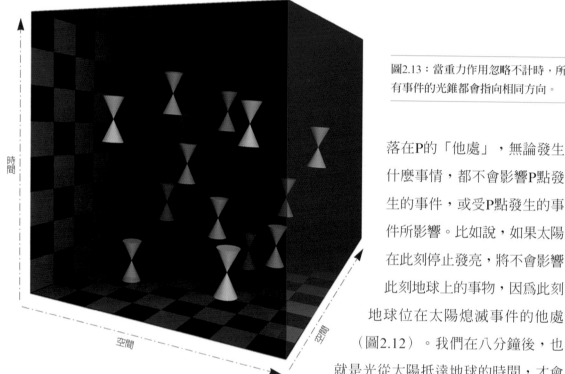

圖2.13：當重力作用忽略不計時，所有事件的光錐都會指向相同方向。

落在P的「他處」，無論發生什麼事情，都不會影響P點發生的事件，或受P點發生的事件所影響。比如說，如果太陽在此刻停止發亮，將不會影響此刻地球上的事物，因為此刻地球位在太陽熄滅事件的他處（圖2.12）。我們在八分鐘後，也就是光從太陽抵達地球的時間，才會知道出事了。因為，屆時地球上的事件才會在太陽熄滅事件的未來光錐之內。同樣地，我們並不知道遙遠的宇宙此刻發生什麼事情，因為我們現在看到遙遠星系的光線，是在幾百萬年前就已出發，像我們看到最遙遠的星體，光線在八十億年前就發出了。因此，我們現在看到的宇宙，其實是在看宇宙的過去。

球裡，因此在時空圖中位於P的未來光錐內。只有位在P未來範圍內的事件才會受到P點發生的事情所影響，因為沒有事物能比光速行進更快。

同樣地，事件P的過去可定義成「有可能以光速或低於光速抵達事件P的所有事件組合」，這些事件會影響P點發生的事情。至於不在P的未來或過去之內的事件，便是

圖2.14

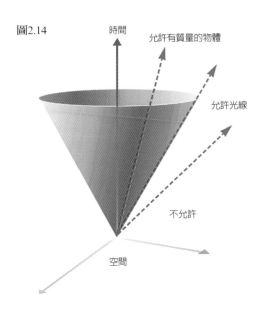

時間
允許有質量的物體
允許光線
不允許
空間

圖2.15

大圓線

圖2.14：有質量的物體行進速度比光速慢，所以路徑會在未來光錐之內。

圖2.15：在地球上，測地線是指兩點之間最短的距離，又稱大圓線。

愛因斯坦和龐加萊在一九○五年忽略重力作用，因而得出狹義相對論。時空中的每個事件都可創造出一個光錐（在時空中某個事件所發射出的光，其所有可能路徑的組合），因為每個事件在所有方向的光速都相同，所以所有的光錐也會相同，且都指向相同方向（圖2.13）。相對論也指出，沒有事物可快過光速，意味著任何物體在時空中的路徑，都必須是落在事件光錐之內的路線（圖2.14）。狹義相對論能夠成功解釋光速對於所有的觀察者都相同，也能夠描述當事物以接近光速運動時的狀態，但是卻與牛頓的重力理論不相容。牛頓的重力理論指物體無論何時何刻都會彼此吸引，且作用力視當

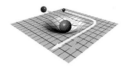

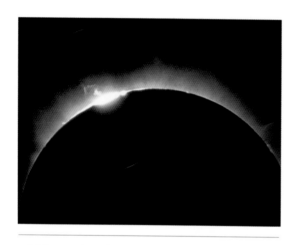

●上圖：1991年日食時所看見的太陽表面。

●右頁圖2.16：太陽（A）的質量會扭曲附近的時空，所以從遠方恆星（B）發出的光線在經過太陽附近時會發生偏折，從地球上（C）看起來像來自於不同的方向（D）。

成功，一直到了一九一五年，他終於提出了今天所稱的廣義相對論。

愛因斯坦所提出的革命性主張，指出重力不同於其他作用力，是由於時空不平坦所造成，因為時空會受到質量與能量分佈而產生彎曲。像地球等物體不是受重力作用而以圓形軌道運行，是因為它們在彎曲的空間依循最接近直線的路徑行進所致，即測地線（geodesic）。所謂的測地線，是鄰近兩點之間最短（或最長）的路徑，例如地球的表面是二維彎曲空間，地球上的測地線稱為大圓線，是兩點間最短的距離（圖2.15）。由於測地線是兩個機場之間最短的路徑，所以飛行導航器會叫機師遵循該條航線。在廣義相對論中，物體在四維時空中一定是走直線，但是在我們的三維空間裡看起來像走彎曲的路徑（這就像飛機越過山丘上空時，雖然在三維空間裡走直線，但是影子在二維地面上會形成一條彎曲的路徑）。

太陽的質量會讓時空產生彎曲，雖然地

時物體之間的距離而定。這意味著當一個物體移動位置時，對於另一個物體的作用力也會立即改變。換句話說，重力作用會以無限大的速度傳播，不像狹義相對論所指凡事物皆以光速或低於光速傳播。在一九○八年到一九一四年之間，愛因斯坦屢次試圖尋找與狹義相對論一致的重力理論，但都沒有獲得

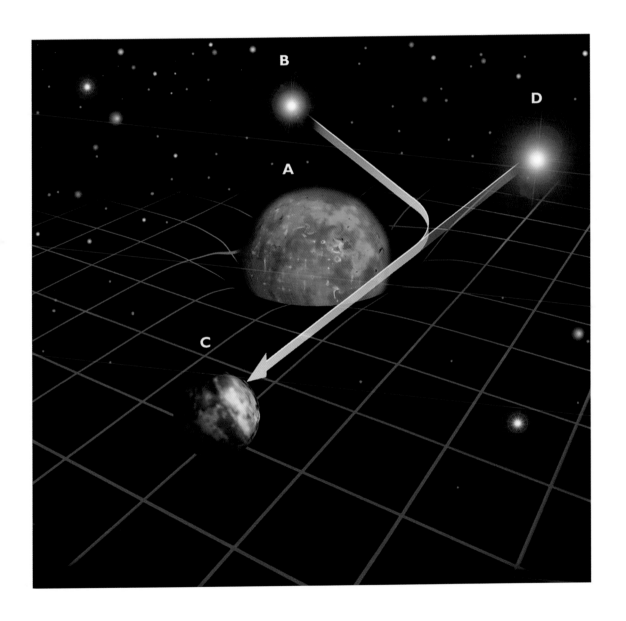

球在四維時空遵循直線前進,但是在三維空間裡看起來像遵循一條圓形的軌道。事實上,廣義相對論對行星軌道的預測,幾乎與牛頓的重力理論一模一樣。然而,對於離太陽最近的水星來說,由於受到的重力最強,也同時有個相當扁平的橢圓形軌道,因此廣義相對論預測水星軌道的橢圓長軸,將會以每一萬年約一度的速率繞轉太陽。雖然這效應相當微小,但是在一九一五年之前早已被注意到,相關觀測也讓愛因斯坦的理論首度獲得證實。近幾年,雷達測量也發現牛頓預測其它行星軌道時出現的微小誤差,結果也和廣義相對論的預測符合。

　　光線在時空中也必須走測地線,同樣地空間彎曲讓光在空間中看起來不是走直線,所以廣義相對論預測光應該會受到重力場彎曲。例如,理論預測在太陽附近的光錐,在太陽質量的作用下,應該會稍微向內彎曲,意味著從遠方恆星發出的光若是剛好通過太陽附近的話,角度會發生少許偏折,讓地球

上的觀察者覺得恆星的位置出現位移(圖2.16)。當然,如果恆星發出的光一直都通過太陽附近,便無從區分究竟是光受到偏折,或者恆星真的位於看到的方向。不過,因為地球會繞太陽轉動,不同的恆星落到太陽後面,使光線發生偏折,因此恆星之間的相對位置看起來會有變化。

　　通常很難觀察到這種效應,因為陽光本身過強,讓我們無法觀察接近太陽的恆星,唯有在日食發生時(月球遮住太陽)才有可能。一九一五年因為一次世界大戰的緣故,無法觀察愛因斯坦對光線偏折的預測是否為真,直到一九一九年英國探索隊才在西非觀測日食,顯示星光確實會受到太陽影響而發生偏折,正如理論所預測。由於德國的理論受到英國科學家肯定,被視為是兩個國家在戰後的一大和解,但是諷刺的是,後來檢視探險隊的照片時,才發現原來誤差值與要測試的效應一樣大,所以這次測量結果純粹只是幸運,或者是有預設立場的結果而已,這

圖2.17：在塔底的時鐘比較接近地球，走得比塔頂的
時鐘更慢一點。

點在科學界不算少見。不過，後來經過幾次測試後，終於確認了光線偏折的效應。

另外，廣義相對論也預測時間在接近質量大的物體時（如地球）將會變慢。這是因為光的能量與頻率（每秒的光波數）之間具有關係，當光的能量越大時，其頻率也會越高；當光遠離地球的重力場時，光會失去能量，所以頻率也會減少（即兩個波峰之間的時間會變長）。相對於在高處的人來說，低海拔的事情都需要花更長的時間。在一九六二年進行的相關實驗中，科學家在一座水塔的頂端與底部各放置一具相當精準的時鐘（圖2.17）。結果發現，底下接近地表的時鐘行進較慢，完全符合廣義相對論的預測。由於時鐘在不同海拔高度時會有不同的速度，對於全球衛星定位系統來說，產生相當重要的用途；若是忽略廣義相對論的預測，估計出來的位置會相差幾哩之多！

牛頓的運動定律讓「絕對位置」的想法劃下終點，而相對論則揚棄了「絕對時

間」。現在以一對雙胞胎來思考，假設有一人住山上，一人住在平地，前者會老得比較快，所以等到兩人再相見時，一個人看起來會比較老。當然，這種年齡差距微不足道，不過若是有一人搭上太空船，以接近光速進行長途旅行，年齡差距便會比較明顯。待他歸來之後，看起來會比留在地球上的手足年輕許多。這種情況稱為「孿生子弔詭」，但只有心中存有絕對時間想法的人們，才會覺得有矛盾之處。在相對論中，沒有絕對時間的存在，每個人都有自己的時間度量，端看所在位置和運動情況而定。

在一九一五年以前，時間和空間被認為是恆久的舞台，事件在其中上演，卻不會影響到時間或空間。縱使在狹義相對論裡也持相同主張，不管物體運動、作用力相吸互斥，時間和空間仍然繼續，不會受到影響。所以，很自然會認為空間和時間會永恆持續。

但是在廣義相對論裡，情況便大不同了。空間和時間成為動態的量值，物體運動或施予作用力時，會影響空間和時間的彎曲，而時空結構的改變也會影響物體運動並施以作用力。空間和時間不但會影響宇宙中發生的每個事件，同時也會受到影響；正如同我們談論宇宙中的事件時，不能不提到空間和時間，同樣地在廣義相對論裡，在宇宙的限制之外談論空間和時間，也是毫無意義的。

一九一五年接下來數十年，對於空間和時間的新認識徹底改變人類的宇宙觀：宇宙亙古常存且永恆不變的舊觀念，被宇宙處於動態且不斷擴張的新觀念所取代；宇宙在過去某個有限的時間開始，未來可能也會在一個有限的時間結束。這項觀念的大改革正是下一章的主題，也是多年以後我在理論物理研究上的起點。潘若斯（Roger Penrose）和我共同指出，根據愛因斯坦的廣義相對論，宇宙必定擁有一個開端，而且很可能也有一個結束。

現代理論將時間和空間視為動態量值，每個粒子或行星都有自己對時間的獨特衡量方法，端視
各自的位置與運動狀態而定。

3
擴張的宇宙

在晴朗無月的夜晚望向天際，放眼所見最明亮的星星可能是金星、火星、木星和土星等行星。當然還有無數閃爍的恆星，正如我們的太陽一樣，只是距離非常遙遠。事實上，隨著地球繞轉太陽，有些恆星彼此間的相對位置會稍微變動，所以根本不是固定的！移動的原因是這些恆星離我們較近，在遠方恆星當背景襯托下，隨著地球繞轉太陽，我們會在不同位置看到它們（圖3.1）。這種現象在天文學上有很大的用途，讓我們得以直接測量這些恆星與我們的距離：當它們越靠近，移動便更為明顯。最近的恆星是半人馬座最近星（Proxima Centauri），大約是四光年遠（光需四年才能抵達地球），換算起來是23兆哩。大多數肉眼可見的恆星離我們在數百光年遠的地方，相較之下太陽只離我們八光分鐘。滿天星星彷彿佈滿夜空，但是特別集中在一條帶狀區域，就是我們說的「銀河」。其實早在一七五〇年，就有一些天文學家認為銀河可能是眾多星星集結成一個碟狀構造，即今日所稱的「螺旋星系」。經過數十年後，天文學家赫

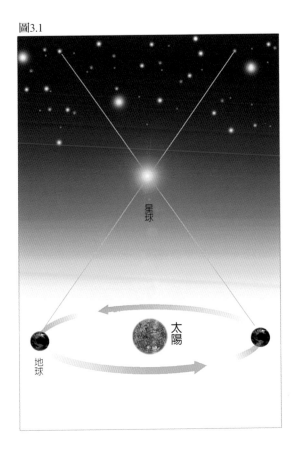

圖3.1

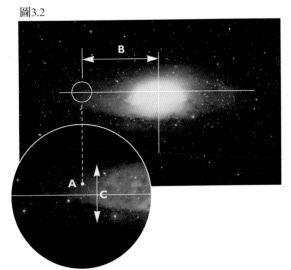

圖3.2

左頁圖：螺旋星系-M51，天文學家認為我們的銀河系與此相似。

圖3.1：隨著地球環繞太陽運轉，在遠方星際背景的襯托下，鄰近星球的位置看起來會變動。

圖3.2：天文學家指出，太陽（A）離銀河系中央大約為25,000光年遠（B），位於銀河盤面外緣離盤面約68光年處，此區厚度則約為1300光年（C）。

歇爾爵士（William Herschel）仔細將眾多星星的位置和距離全部畫出來，才確認這點。即便如此，一直到了廿世紀初期這點才完全獲得認同。

現代的宇宙觀只能追溯自一九二四年起，當時美國天文學家哈伯證明銀河系並非是天際間唯一的星系，事實上有許多類似的星系存在，中間相隔廣漠無垠的真空。為了證明這點，哈伯需要確定其他星系的距離，但是它們看起來固定不動，不像是我們附近

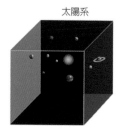

太陽系

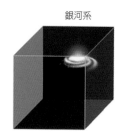

銀河系

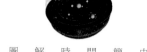

本星系

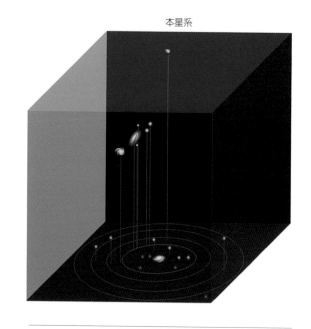

的恆星，具先前所提的視角差，因此哈伯被迫使用間接的方法來測量距離，於是他從星體的視亮度著手。一個星球的視亮度，由兩項因素決定：放射的光量（光度），以及與地球的距離。若是星球在地球附近，我們可以直接測量其視亮度與距離，便能估算出其光度。反過來說，若是知道其他星系裡恆星的光度，也可以測量其視亮度而推算出其距離。哈伯注意到，當恆星距離夠近能夠進行測量時，某類恆星會具有相同的光度，於是他主張若是在其他星系中找到同類的恆星，便能假定它們具有相同的光度，進而計算出它們所處星系的距離。如果能夠在同一個星系中找到許多這種恆星，計算結果也都獲得相同的距離，便能確信自己的估算。

圖3.3：太陽只是銀河系一千億個恆星之一，銀河系只是本星系群裡眾多星系之一，本星系群又只是數千個星系群團組成浩瀚宇宙中的一個星系群而已。

結果，哈伯用這種方式計算出九個不同星系的距離。如今我們知道，銀河系不過是用現代望遠鏡看得到的超過一千億個星系之一而已，且每個星系都包含超過一千億個恆星（圖3.3）。54頁的插圖是一張螺旋星系的照片，從其他星系看我們的銀河系應該也

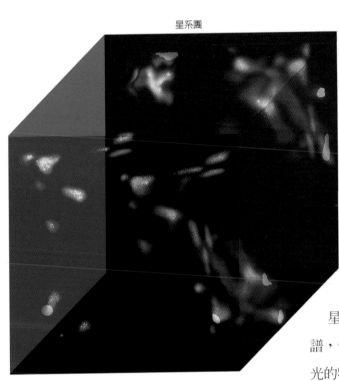

星系團

為宇宙的中心呢！

　恆星離我們如此遙遠，看起來只是光點而已，我們無法得知其大小或形狀。所以該如何分辨不同類型的恆星呢？對於大多數恆星，我們只能觀察到的一個特徵，便是光的顏色。牛頓發現當陽光通過三稜鏡時，其顏色組成（光譜）會分解成彩虹。將望遠鏡瞄準一個恆星或星系上，同樣也能觀察到該恆星或星系的光譜。不同的恆星有不同的光譜，但是不同顏色的相對強度總是與炙熱發光的物體相同（事實上，炙熱發光的不透明物體所發出的光譜只與溫度有關，稱為熱光譜，因此從光譜可以得知恆星的溫度）。再者，從恆星的光譜中可發現有些特定的顏色不見了，而且每個恆星不見的顏色各有不同，這是因為每種化學元素會吸收特定的顏色，所以只要比對恆星光譜有哪些顏色不見了，便可正確推測出恆星的大氣裡含有哪些

是如此。銀河系大約有十萬光年寬，緩緩旋轉，旋臂上的恆星繞中央轉動，大約是數億年繞一圈。太陽只是一個中等大小的普通黃色恆星，位在一支旋臂內緣（圖3.2）。如今，我們的宇宙觀和亞里斯多德、托勒密的時代相比，已經大幅演進，當時地球還被奉

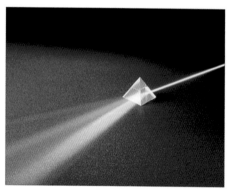

牛頓使用三稜鏡將白光分解成光譜。

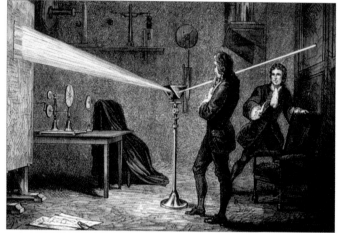

元素。

在一九二〇年代，天文學家開始研究其他星系的恆星光譜，結果發現一件十分特別的事情：不見的顏色特徵組合與銀河系裡的恆星相似，不過所有同星系的恆星光譜全部都往紅色那端移動一定的數量。想了解其中的道理，首先得了解都卜勒效應（Doppler effect）。前面談到，本質為電磁波的可見光是一種波動，光的波長（兩個波峰之間的距離）極為微小，介於千萬分之四到千萬分之八公尺之間。不同波長的光在人類眼睛中會成為不同的顏色，最長的波長位於光譜紅色那端，最短的波長則位於光譜藍色那端。現在想像有一個光源與我們保持一定的距離（如太陽），發射出的光波具有一定的波長（圖3.4a），顯然我們接收到的波長會與放射出來的波長相同（星系的重力場將不會產生顯著的效應）。現在假設光源朝我們移動，當光源發射出下一個波峰時會離我們更加接近，所以波峰之間的距離會比恆星靜止不動時更小，這代表我們接收到的波長會比恆星靜止不動時更短。相對上，如果光源遠

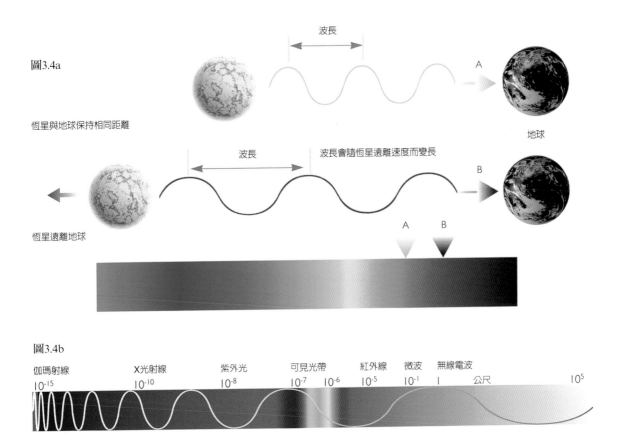

圖3.4a

波長

恆星與地球保持相同距離

A

地球

波長

波長會隨恆星遠離速度而變長

B

恆星遠離地球

A   B

圖3.4b

伽瑪射線		X光射線		紫外光		可見光帶		紅外線	微波	無線電波		
10^{-15}		10^{-10}		10^{-8}		10^{-7}	10^{-6}	10^{-5}	10^{-1}	1	公尺	10^{5}

離我們，接收到的波長會變長。因此就光來說，當恆星遠離我們時，其光譜會移向紅色那端（紅移），而朝我們前進的恆星，其光譜便會產生藍移，這種波長與速度的關係稱爲都卜勒效應，是日常生活中隨時可見的經

圖3.4a：相對於地球處於靜止的恆星會發出固定波長的光，與我們所觀察到的波長一樣。若是恆星遠離我們，其波峰之間的距離會變長，我們看到的光譜也會產生紅移。

圖3.4b：整個光譜涵蓋的波長範圍從極短的伽瑪射線到極長的無線電波都包括在內，遠遠超過人類肉眼所能觀察。

圖3.5

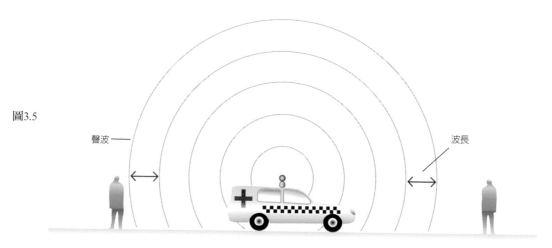

聲波 ——

波長

靜止的波源

圖3.5：都卜勒位移是所有種類的波都具備的特質，包括聲波到電磁波。當波源（如救護車）接近觀察者時，波的頻率會變高；當波源遠離觀察者時，波的頻率會變低。

驗。仔細注意街頭來車：當一部車子接近時，引擎會發出更尖銳的聲音（因為聲音的波長變短與頻率變高）；當車子通過並遠離時，聽起來聲音便較為低沈（圖3.5）。光或波長的情況類似，警察便是利用都卜勒效應，以電波脈衝從車子反射回來的速度，來測量判斷車輛是否違規超速。

在證明有其他星系存在後，哈伯將時間花在記錄各星系的距離與觀測光譜上。當時，大多數的人都覺得所有的星系應該都是隨機移動，所以預期找到的紅移光譜與藍移光譜一樣多，結果大出眾人意料，絕大多數星系都出現紅移，也就是星系都在遠離我們呢！更教人吃驚的發現，是哈伯在一九二九年所做的發表：星系的紅移量並非隨機，而是與我們的距離成正比。換句話說，當星系離我們越遠，遠離我們的速度便越快！這意味著宇宙非但未保持靜止，而是處於擴張狀態，各星系之間的距離不斷增加當中。

發現宇宙正在擴張，是人類廿世紀在思想上的一大革命。所謂後見之明，讓人很好奇為什麼從前沒有人想到這點呢？牛頓等科學家應該明白，靜止的宇宙在重力影響下將很快收縮而崩塌。反過來，現在假設宇宙正

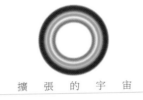

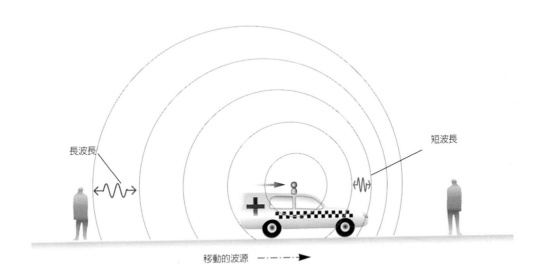

長波長　　　　　　　　　　　　　　　　短波長

移動的波源 ——·——▶

在擴張，若是擴張的速度過慢，重力的作用最終會讓它停止擴張並開始收縮；然而，若是宇宙擴張超過某個臨界速度，那麼將會一直擴張下去。這情況有點像是在地面將火箭射向太空，若是火箭速度過於緩慢，重力最後使火箭停止，讓它開始掉回地面；另一方面，若是火箭超越某個臨界速度（每秒七哩），重力將不足以拉住火箭，火箭便可以脫離地球了。這種行為用牛頓理論在十九世紀、十八世紀，甚至十七世紀末葉便可預測出來，但是大家對於「宇宙是靜止」的信念太強了，這種情況一直持續到廿世紀初期。即使是愛因斯坦在一九一五年提出廣義相對論的時候，他也堅信宇宙必定是靜止的，所

以修正自己的理論，將「宇宙常數」引進方程式裡。他引進的「反重力」沒有特定的來源，而是時空構造天生具有的特質，這和其他作用力不同。他聲稱時空具有擴張的傾向，才能抵消宇宙間萬物的吸引力，也才會出現一個靜止的宇宙。正當愛因斯坦和其他科學家設法避免廣義相對論預測的非靜止宇宙時，似乎只有一個人願意全盤接納廣義相對論，那就是佛列德曼（Alexander Friedmann）。這位俄國的物理學家暨數學家，解釋並預測了擴張宇宙。

佛列德曼對於宇宙有兩個簡單的假定：無論我們從哪個方向看，宇宙都會相同；無論在其他任何地方觀察宇宙，第一點的假定

仍然成立。憑著這兩點假設，佛列德曼指出不應該期待宇宙是靜止不動的。事實上在一九二二年，也就是在哈伯的大發現前幾年，佛列德曼就做出該項預測了。

　　第一個假設指宇宙在每個方向看來都相

潘佳斯（左）與威爾森站在紐澤西州的號角形天線前面拍攝，兩人意外發現了宇宙背景輻射。

同，實際上並不完全正確。例如在銀河系中，就可以看到眾多星星在夜空中匯聚成爲

一條明亮的星帶。但是如果觀察遠方的眾多星系，會發現其密度分佈大致均勻。所以，如果以星系間距離的大尺度來看，忽略小尺度的差異，那麼確實可以說宇宙在每個方向上大致相同。有很長一段時間，這樣就足以讓佛列德曼的假設成立，因為它與真實宇宙大致近似。然而，後來發生一件幸運的意外，讓佛列德曼的假設變成對宇宙驚人的正確描述。

一九六五年，兩位在紐澤西州貝爾實驗室的美國科學家潘佳斯（Arno Penzias）與威爾森（Robert Wilson），正在測試一部非常靈敏的微波偵測器（微波就像光波，只是波長約為一公分左右）。他們發現偵測器比預期收到更多噪音，於是開始擔心起來。噪音似乎來自於不特定的方向，首先他們懷疑是鳥糞落在偵測器上，也檢查機器其他可能失常的原因，但都一一排除了嫌疑。他們知道當偵測器仰角較低時，從大氣裡來的噪音應該會更強，因為低仰角接收到的光線比天頂接收到的光線穿越更厚的大氣。但是無論偵測器指向哪個方向，多出來的噪音都相同，所以噪音一定是來自大氣外面。再者，不論是白天黑夜或是一年到尾，收到的噪音量也一律相同，所以此輻射不受地球自轉或公轉影響，必定來自於太陽系之外，甚至是銀河系之外，否則地球轉動會讓偵測器指向不同方向，噪音應該有所增減才對。

事實上，我們知道輻射一定是穿過絕大部份的可見宇宙才抵達地球，既然在每個方向看起來都相同，那麼宇宙必定在每個方向也都相同（從大尺度上來說）。現在我們知道不管看向何方，噪音變化都是微乎其微，所以潘佳斯與威爾森意外碰到一個大獎，確認佛列德曼的第一個假設。不過，因為宇宙不是每個方向都完全相同，而是就大尺度平均來說，所以微波也不可能在每個方向都完全相同，在不同方向必定有細微的差異。這些差異首度在一九九二年由宇宙背景探索衛星（COBE）偵測到，大約是十萬分之一的

圖3.6

圖3.6：擴張的宇宙就像一個膨脹的氣球。氣球表面上的點會分開，但是沒有一個是膨脹的中心。

變化。雖然變化極為細微，然而卻相當重要，這將在第八章解釋。

　　大約在潘佳斯與威爾森研究偵測器噪音的同時，附近的普林斯頓大學有兩位美國物理學家迪奇（Bob Dicke）與皮柏斯（Jim Peebles），也對微波發生了興趣。他們正在研究加墨（George Gamow）的主張，加墨曾經是佛列德曼的學生，提出了早期宇宙應該是高溫稠密並會發出白熾輻射的看法。迪奇和皮柏斯兩人則認為，現在應該還看得見早期宇宙發出的亮光，因為光來自極為遙遠的地方，才剛要抵達地球而已。不過，宇宙正在擴張一事意味著光應該產生極大的紅移，所以現在看到的應是微波輻射。正當迪奇和皮柏斯計劃尋找微波輻射時，潘佳斯與威爾森聽聞此事，知道自己已經搶先「賓果」了，兩人因而贏得一九七八年的諾貝爾獎（顯然這對迪奇和皮柏斯造成重大打擊，更不用提加墨了）。

　　因為不論往哪個方向看，宇宙看起來都相同，這似乎「證明」地球在宇宙中處於獨一無二的中心地位。更何況，我們也發現其他所有星系都在遠離地球，「顯然」我們一定是宇宙的中心。不過，這些觀察到的現象具有另一個更合理的解釋：從其他任何星系看起來，宇宙每個方向也都相同。這正是佛列德曼的第二項假設，並無科學證據加以支持或反駁，人們之所以相信第二項假設，是基於謙卑之道：如果宇宙只有在我們這裡才

看起來每個方向都相同，在其他地方並不一樣，那才教人最驚奇呢！在佛列德曼的模型裡，所有星系都互相遠離，情況很像是一個氣球上畫有許多點，而氣球正在穩定膨脹中。隨著氣球越來越大，任何兩點之間的距離也會隨之增加，但是氣球表面沒有一個點可說是膨脹的中心（圖3.6）。再者，當兩個點相距越遠，彼此遠離的速度便越快。同樣地，在佛列德曼的模型中，任何兩個星系彼此遠離的速度與兩者之間的距離成正比，所以此模型預測星系的紅移應該是與地球的距離成正比，這正與哈伯的發現吻合。儘管佛列德曼提出成功的模型，並預測了哈伯的觀察，然而其研究在西方國家鮮為人知。在哈伯發現宇宙均勻擴張後，直到一九三五年美國物理學家羅伯森（Howard Roberston）與英國數學家渥克（Arthur Walker）才提出與佛列德曼相似的模型。

　　雖然佛列德曼只找到一種宇宙模型，不過事實上總共有三種模型吻合他的兩項基本

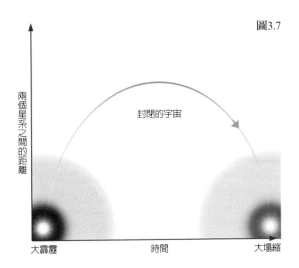

圖3.7：在佛列德曼的宇宙模型中，所有的星系一開始都互相遠離，宇宙會擴張達到最大，然後縮回到一點。

假設。在第一種模型中（也是佛列德曼發現的模型），宇宙擴張的速度較慢，使得不同星系之間的重力引力足以造成擴張減緩並停止，接著眾星系開始向彼此靠近，讓宇宙產生收縮。圖3.7顯示兩個相鄰星系之間的距離隨時間變化的情況，開始距離為零，後來距離達到最大，最後再減至為零。在第二種模型中，宇宙擴張太過快速，使得重力吸引

圖3.8

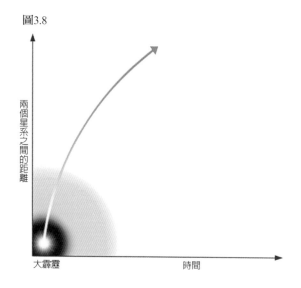

兩個星系之間的距離

大霹靂　　　　　　　　時間

圖3.9

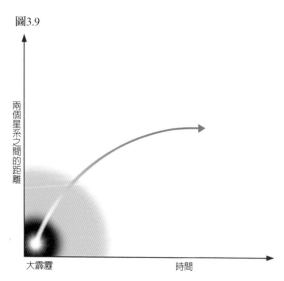

兩個星系之間的距離

大霹靂　　　　　　　　時間

只能讓膨脹減慢，卻無法完全停止。圖3.8顯示在第二種模型中兩個相鄰星系分離的情況，開始距離為零，最後兩個星系以穩定的速度分開。在第三種模型中，宇宙擴張的速度只快到剛好可避免再度崩塌，從圖3.9可看出，星系間開始的距離也是零，然後會一直增加，不過星系分離的速度會越來越小，但是永遠不會變成零。

　　在第一種佛列德曼模型中，有一個顯著的特徵：宇宙的空間不會變得無窮大，但空間也沒有任何邊界。因為重力過於強大，空間會向自己彎曲，變得像地球表面。當一個人在地球表面循一定方向前進的話，永遠不會遇到無法越過的障礙，也不會跌落邊緣，最終一定可回到原點。在第一種佛列德曼的

圖3.8：在「開放」的宇宙模型中，重力永遠無法強過星系的運動，宇宙會永遠持續擴張。

圖3.9：在「平坦」的宇宙模型中，重力引力正好與星系運動產生平衡，宇宙可避免塌縮，星系的運動則會越變越小，但是永遠不會完全停止。

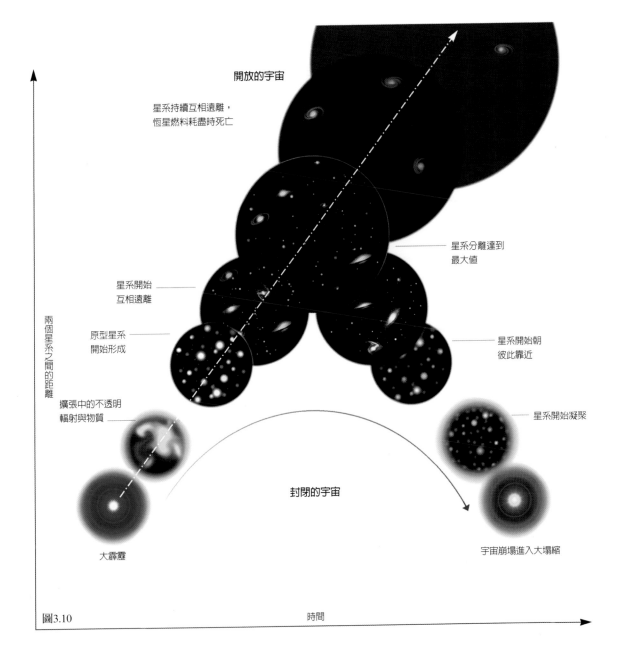

開放的宇宙

星系持續互相遠離，
恆星燃料耗盡時死亡

星系分離達到
最大值

星系開始
互相遠離

原型星系
開始形成

星系開始朝
彼此靠近

擴張中的不透明
輻射與物質

星系開始凝聚

兩個星系之間的距離

封閉的宇宙

大霹靂

宇宙崩塌進入大塌縮

圖3.10

時間

67

模型中，空間正像如此，但是有三個維度，不像地球表面只有兩個維度。另外第四個維度是時間，也是有限的範圍，但像是有一條線，具有兩端或邊界，也就是開始與終點。後面會談到結合廣義相對論與量子力學測不準原理時，空間和時間在理論上都可能是有限但無任何邊緣或邊界。

可以穿過整個宇宙又能回到原點的想法，是科幻小說很好的題材，但卻不太切合實際，因爲能夠繞一圈回來之前，宇宙便已經崩塌歸零了。旅行者的速度必須快過光速，才能搶在宇宙結束之前回到原點，但這當然是不被允許的！

在第一種佛列德曼模型中，宇宙會擴張又崩縮，空間會朝內彎曲，就像是地球表面，因此範圍有限。在第二種模型中，宇宙會永遠擴張，空間會朝外彎曲，就像馬鞍表面，所以這裡的空間是無限的。最後在第三種佛列德曼模型中，由於宇宙擴張具有臨界速度，所以空間是平坦的，因此也是無限

的。

但究竟哪種佛列德曼模型才能描述宇宙呢？宇宙最後會停止擴張並開始收縮，還是會永遠擴張呢？要回答這個問題，得先了解宇宙現在的擴張速度以及現在的平均密度：若是宇宙的密度少於某個臨界值（由擴張速率決定），則重力將會太弱而無法阻止擴張；若是宇宙密度大於某個臨界值，則重力將會在未來某個時間讓宇宙停止擴張，並再度發生塌縮①。

我們可以利用都卜勒效應精確測量出其他星系遠離地球的速度，進而決定現今宇宙擴張的速度。但是眾星系與我們的距離卻無法清楚得知，只能用間接方式測量。所以，我們只知道宇宙現今擴張的速度爲每十億年擴張5%到10%左右。然而，對於宇宙現今平均密度的不確定更大，若是將觀察得到的星系裡所有星球的質量相加，即便以宇宙最低的擴張速率估計，總共還不及能讓宇宙停止擴張所需要的百分之一。不過，各星系裡必

譯註①：1998年天文學家發現宇宙常數不是零，使宇宙塌縮與否的命運與幾何的關係變得較為複雜，不再是一對一關係。

定含有許多無法直接看到的「暗物質」，因為可以看見它們對各星系裡恆星運轉軌道的重力作用。再者，絕大多數星系都是成群聚集，同樣地，人們可以推定還有更多暗物質存在於星系團之間，因為它們對於星系的運動也產生了作用。但是，把所有的暗物質再加起來，還是只得到讓宇宙停止擴張所需值的十分之一而已。不過，也不能排除有其他形式的物質均勻分佈在宇宙裡的可能性，雖然我們無法偵測到，但仍然有可能提高宇宙的密度到臨界值，進而阻止宇宙繼續擴張。因此，現今的證據顯示宇宙有可能會永遠擴張下去，不過唯一可以確定的是，若是宇宙真的要崩塌了，至少還要再一百億年的時間，因為宇宙已經擴張這麼久的時間了。這點倒是輪不到我們擔心，因為到那時候除非人類已殖民到太陽系之外，否則早已

隨著太陽死亡而滅絕了呢！

在所有的佛列德曼模型中，都有一個特徵：在過去某個時點（大約是一、兩百億年前），相鄰星系的距離必定為零。在我們稱為「大霹靂」的那個時點上，宇宙的密度與曲率為無限大。因為數學無法真正處理「無限大」的量值，代表廣義相對論（佛列德曼模型的依據基礎）預測在宇宙中有一個時點，理論本身會瓦解失效。這種點正是數學家所稱的「奇異點」，事實上所有科學理論都是根據時空是平滑與近乎平坦的假設上提出，因為奇異點的時空曲率為無限大，所以所有理論在大霹靂那刻都會瓦解失效。這意謂縱使在大霹靂之前有事件發生，也無法用這些事件決定未來，因為「預測性」在大霹靂那刻全部瓦解失效了。

同樣地，縱使我們知道大霹靂之後發生

霍伊爾、高爾德與邦帝（從左到右）是穩態宇宙論的三位創始者，雖然後來的觀察並未支持理論，但霍伊爾相信觀測受到錯誤詮釋，繼續主張自己的想法。

什麼事情，也無法決定之前曾經發生什麼事情。就我們而言，大霹靂之前的事件對於現在毫無作用，所以不應該成為宇宙科學模型的一部份，應該去除於模型之外，讓時間在大霹靂那刻開始。

許多人不喜歡時間具有「開始」的想法，可能是因為這聽起來像上帝介入（天主教倒是接受大霹靂模型，並於一九五一年正示宣佈它與聖經相符）。因此，許多科學家提出新的說法，試圖避免引入大霹靂，其中最受支持者為穩態宇宙論，一九四八年由兩位從納粹佔領地奧地利逃出來的難民邦帝（Hermann Bondi）、高爾德（Thomas Gold），以及另一位在戰時共同研發雷達的英國人霍伊爾（Fred Hoyle）一起提出。他們的想法是當星系彼此遠離時，中間會不斷生出新物質並形成新的星系（圖3.11），因此宇宙在所有時間與在所有空間都會看起來大致相同。穩態理論需要修改廣義相對論，才能讓物質不斷創生，但是所涉及的比例極小（大約每年每立方公里一個粒子），並不會與實驗產生矛盾。這個理論是一個很好的理論，因為根據第一章提到的標準，它既簡單又做了明確的預測，可以由觀察進行

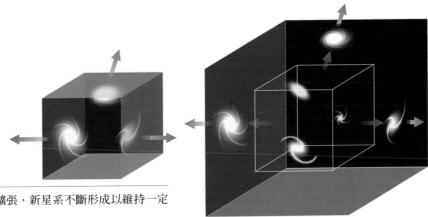

圖3.11：隨著宇宙擴張，新星系不斷形成以維持一定的密度。

圖3.11

測試。其中一個預測是指無論何時或往宇宙何處觀看，在任何特定體積的空間中星系（或相似物體）的數量應該都會相同。在一九五〇年代末到一九六〇年代初之間，劍橋有一群天文學家在萊爾（Martin Ryle）的率領下進行外太空電波源調查（他在戰時也曾與上述三人並肩研究雷達）。研究顯示，絕大多數電波源必定是來自於銀河系之外（的確有許多電波源被認出是來自於外星系），而且弱電波源比強電波源更多。研究小組解釋，弱電波源是較遙遠的電波源，強電波源是比較近的電波源，而近電波源的密度比遠

電波源更小，可能意味我們位於宇宙中電波源較少的某個區域的中心；或者意謂著當過去無線電波由波源發出、朝向我們而來之際，電波源的數量比現今更多。不過，兩種預測都與穩態理論發生牴觸，再加上一九六五年潘佳斯和威爾森發現微波輻射，也指出宇宙過去必定十分稠密，所以科學家必須放棄穩態理論。

另外試圖避免大霹靂與時間起點之說的兩位俄國科學家是李夫席茲（Evgenii Lifshitz）與卡拉尼可夫（Isaac Khalatnikov）。他們兩人在一九六三年指

出，大霹靂可能只是佛列德曼模型的特有現象，而該模型又僅是真實宇宙的近似而已；也許在所有能描述宇宙的模型中，唯有佛列德曼的模型包含大霹靂奇異點。在佛列德曼的模型中，星系是直接遠離彼此，所以在過去某個時點它們都在相同的地方並不令人驚訝。然而在真實的宇宙裡，星系並不是直接遠離彼此，還有微小的側向速度，所以在真實中它們不用在完全相同的地方出發，只需非常靠近即可。也許現在擴張的宇宙不是始於大霹靂奇異點，而是來自於先前收縮的階段：當宇宙崩塌時，裡面的粒子或許未完全碰撞，而是互相擦身而過、再度分開，造成現今宇宙的擴張。那麼，到底要如何判斷真實的宇宙是否起源於大霹靂呢？李夫席茲和卡拉尼可夫兩人研究與佛列德曼大致相像的宇宙模型，但是將真實宇宙中的不規則與星系的隨機速度考慮進去。他們指出這類模型的確有可能始於大霹靂（即使眾星系不再是直接遠離彼此），然而只有在某些例外的狀

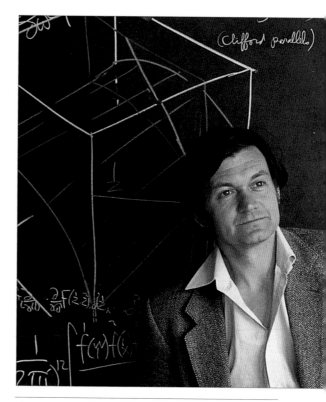

理論數學家潘若斯，1980年攝於牛津。

況中才有可能，在這些模型中星系都必須以特定的方式運動才行。他們主張，有大霹靂奇異點的模型只有一個，但是像佛列德曼模型卻無大霹靂奇異點的模型多不勝數，那麼

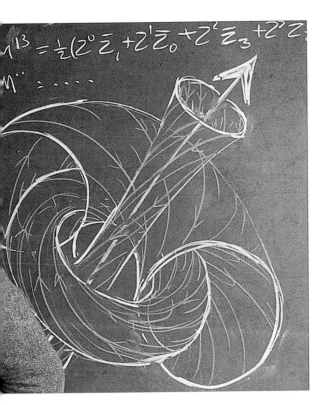

我們的結論應該是真實中沒有大霹靂。不過，他們後來了解到有更多像佛列德曼模型並且具有奇異點的模型存在，而且星系不需以特別的方式運動，所以兩人在一九七○年撤回了主張。

李夫席茲和卡拉尼可夫兩人的研究很有

價值，顯示出如果廣義相對論是正確的話，那麼宇宙「可能」會有一個奇異點與大霹靂。不過，這並未解決一個關鍵的問題：廣義相對論預測我們的宇宙「應該」有一個大霹靂與時間起點嗎？這問題的答案最後從看似完全不相干的領域中找到，一九六五年英國數學家暨物理學家潘若斯（Roger Penrose）考慮光錐在廣義相對論中的表現，以及重力永遠為吸引力一事，主張當恆星在自身重力作用之下發生崩塌時，會永遠包含在一個區域裡，而該區域表面最終會縮為零，其體積亦然，則恆星的所有質量將會壓縮到一個體積為零的區域，導致物質密度與時空曲率變得無窮大。換句話說，在稱為「黑洞」的時空區域中，出現了一個奇異點（圖3.12A）。

乍看之下，潘若斯的結果僅適用於恆星，跟整個宇宙過去是否始於大霹靂奇異點的問題無涉。不過，當潘若斯提出定理時，我正好是研究生，急著想要找個題目來寫博

A　恆星崩塌成為黑洞奇異點

B　一個奇異點擴張成為宇宙

圖3.12：從大霹靂開始的宇宙擴張，像是將恆星崩塌成黑洞奇異點的過程倒過來看。

士論文。在那兩年前，我被診斷出罹患ALS，也就是俗稱的「漸凍人」，醫生告訴我只剩一、兩年可活。在這種情況下，寫博士論文好像沒啥意思，因為似乎活不到寫完論文。總之兩年過去了，我的情況沒那麼糟糕，反倒是還不錯，我還與一名好女孩珍・懷爾德（Jane Wilde）訂婚了。但是為了結婚，我需要一份工作，而為了找工作，得先完成博士學位。

一九六五年我讀到潘若斯的定理，講到任何物體發生重力崩塌時最終一定會形成奇異點，我很快想到假設現今宇宙在大尺度上大致上與佛列德曼模型相似的話，如果將定理裡面的時間倒過來看，那麼崩塌會變成擴張，而定理中的所有情況仍然會成立。潘若斯的定理顯示，任何崩塌的恆星「一定」會以奇異點結束，時間倒轉論則顯示任何類似佛列德曼擴張宇宙「一定」是從一個奇異點開始。基於技術上的理由，潘若斯的定理要求宇宙具有無窮大的空間，所以我當時只能證明若宇宙擴張快到足以避免再度崩塌（如此佛列德曼模型才具有無窮大的空間），則在初期會有一個奇異點。

接下來幾年我發展出新的數學技巧，將這些技術上的條件從證明奇異點一定存在的定理中除去。最後是我和潘若斯在一九七〇年合作提出一篇論文，證明若廣義相對論為真，且宇宙包含現今觀察到這麼多的物質時，則一定會有一個大霹靂奇異點存在。針

對我們的研究傳來諸多反對之聲，部分是來自蘇俄人，因為馬克斯主義堅信科學決定論，也有人覺得整個奇異點的概念很討厭，破壞了愛因斯坦理論之美。不過不管如何，沒有人可以辯贏數學定理，所以最後我們的研究被大家接受了，到現在幾乎人人都認為宇宙是從一個大霹靂奇異點開始。也許有點諷刺，現在的我已經改變想法，反倒試圖說服其他物理學家宇宙開始並沒有奇異點存在。後面會提到若將量子效應考慮進來，奇異點便可消失了。

這一章可以看到，在不到半個世紀的時間，人類幾千年下來的宇宙觀已經被全盤推翻。哈伯發現宇宙正在擴張，明白我們的星球在浩瀚無垠的宇宙毫不起眼，而這些發現只是一個開始。隨著實驗與理論上的證據排

霍金1962年從牛津畢業。

山倒海湧來，越來越清楚宇宙的時間必定有一個開端，最終一九七〇年才由潘若斯和我在愛因斯坦廣義相對論的基礎下加以證明。這份證明告訴我們廣義相對論只是一個不完整的理論：無法說明宇宙如何開始，因為它預測所有理論（包括它自身），在宇宙開始那刻早已瓦解。不過，廣義相對論只是一個部分理論而已，所以奇異點定理真正指出的是極早期宇宙中必定存在一個時刻，那時宇宙小到讓我們無法忽視廿世紀另一項偉大的部份理論「量子理論」所涉及的小尺度效應。於是從一九七〇年代開始，我們被迫將探尋宇宙奧祕的目光，從重視「極大」的理論轉向鑽研「極小」的理論，這就是下章將要介紹的量子理論。再來，才可望將兩個部分理論結合為一，成為量子重力理論。

4
測不準原理

科學理論的成功，尤其是牛頓重力理論的成功，讓法國科學家拉普拉斯（Marquis de Laplace）在十九世紀初主張宇宙完全是可決定的。拉普拉斯指出，只要知道宇宙在某個時刻的全部狀態，我們便能運用一套科學法則預測宇宙接下來會發生的每件事情。例如，只要知道一個時刻太陽與行星的位置和速度，便能利用牛頓定律計算出接下來太陽系任何時間的狀態。在太陽系的例子中，科學決定論是相當明顯的事

拉普拉斯（1749-1827年）

情。但是拉普拉斯進一步主張，也有類似的法則支配萬事萬物，包括人類的行為。

科學決定主義受到許多人強烈反對，覺得這破壞了上帝主宰世界的自由，但是它仍是科學的標準假設，一直到廿世紀初期才出現改變。當時，英國科學家瑞利公爵（Lord Rayleigh）與琴斯爵士（Sir James Jeans）進行計算，顯示熱物體（如恆星）會以無限大的功率放射能量，這是人類最終必須揚棄科學決定論的第一個徵兆。根據當時相信

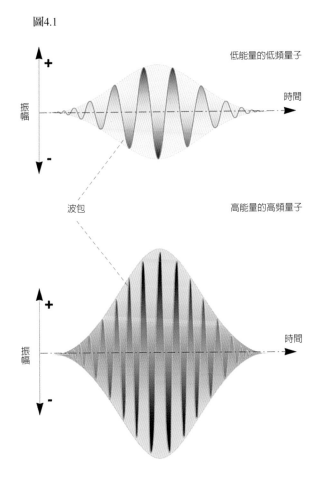

圖4.1

低能量的低頻量子

振幅

時間

波包

高能量的高頻量子

振幅

時間

圖4.1：普朗克主張光只能以封包或量子形式存在，好比是波列車，其能量與頻率成正比。

的法則，熱物體在各種頻率會釋出等量的電磁波（如無線電波、可見光或X光），例如某個熱物體在一兆赫到二兆赫頻率之間每秒所釋放的能量，應該和二兆赫到三兆赫間每秒所釋放的能量一樣多。既然波的頻率是無限的，代表每秒所釋放出來的能量總和也是無限的。

為了避免這種荒謬的結果，一九○○年德國科學家普朗克（Max Planck）提出不同的見解，他認為可見光、X光與其他各種波不可以任意速率輻射，而只能以某種個別的「封包」釋出，他稱之為「量子」，而且每個量子具有一定的能量，當波的頻率越高則能量越大，所以當頻率越高時，量子發射需要比平常更多的能量，因此高頻率的輻射將會減少，物體失去能量的速率也會趨於有限。

量子假設對於觀察到的熱體輻射速率解釋得很好，但是對科學決定論的意義直到一九二六年才凸顯出來，那時另一位德國科學

圖4.2

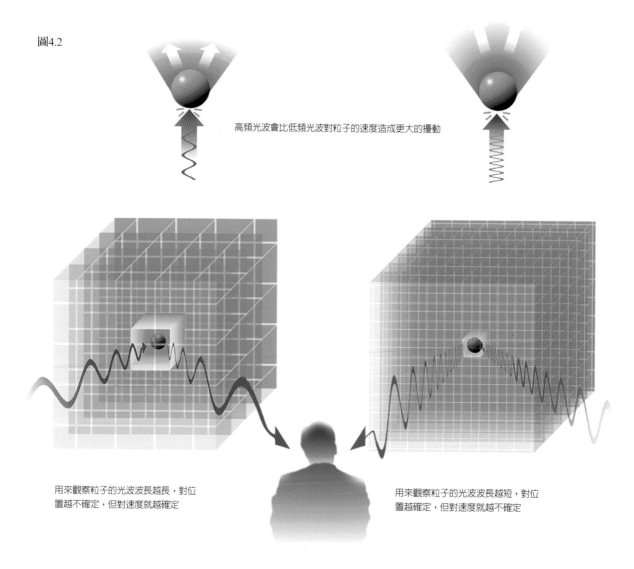

高頻光波會比低頻光波對粒子的速度造成更大的擾動

用來觀察粒子的光波波長越長,對位置越不確定,但對速度就越確定

用來觀察粒子的光波波長越短,對位置越確定,但對速度就越不確定

觀察者

圖4.3

粒子位置的不確定　　　　　粒子的質量

粒子速度　　　　　大於或等於
的不確定　　　　　普朗克常數

右圖：海森堡（1901-1976年）以測不準原理聞名。該原理指無法同時精準決定一個粒子的位置和速度。上圖4.3中將刻有普朗克頭像的紀念幣放在方程式中，用以說明測不準原理。

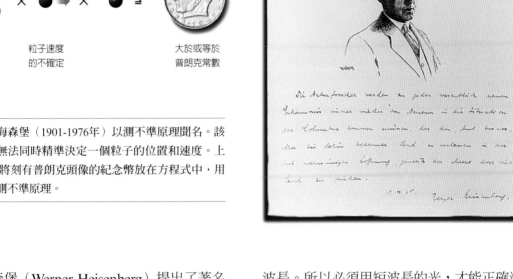

家海森堡（Werner Heisenberg）提出了著名的測不準原理。要預測一個粒子未來的位置和速度，首先必須要精準測量粒子現在的位置和速度。很顯然的測量方法是將光照在粒子上（圖4.2），有些光波會被粒子反射回來，便可以定出粒子的位置。然而，粒子位置的可能測量誤差，不會小於所使用光波的

波長。所以必須用短波長的光，才能正確測量粒子的位置。根據普朗克的量子假設，我們不能使用任意一點點的光，而是必須至少使用一個量子，但是卻無法預測光量子會如何擾亂並改變粒子的速度。再者，想要更精準地測量位置，光的波長越短越好，但是相對上量子的能量也會變高，所以粒子的速度

便會大受影響。換句話說，測量粒子的位置越精準，對速度的測量便越不精準，反之亦然。海森堡指出，粒子的位置不確定性乘以粒子速度不確定性乘以粒子質量，會大於或等於一定數值，稱爲「普朗克常數」（圖4.3）。再者，這個限制與測量粒子位置、速度的方法，或是粒子的種類都無關，海森堡的測不準原理是放諸四海皆準的基本原則。

測不準原理對於我們觀看世界的方式具有十分深遠的影響，縱使五、六十年後，還是有許多哲學家對此嗤之以鼻，也依然是爭議的話題。拉普拉斯曾經夢想有一個科學理論或宇宙模型完全是決定論的夢想，但是測不準原理爲此敲下喪鐘。測不準原理告訴我們：若是連正確測量宇宙現在的狀態都不可得，更別說是正確預測未來的事件了！我們還是可以想像有一套法則存在，讓觀察宇宙現狀卻不會造成擾動的超自然造物主，據此決定所有事件的發展。不過，這種宇宙模型

對於凡夫俗子沒太大用處，還是借用奧卡姆剃刀，也就是簡便原則，將理論中所有觀察不到的特徵剔除。一九二〇年代，海森堡、薛丁格和狄拉克（Paul Dirac）便是依據這種精神，以測不準原理爲基礎將力學改造成爲新理論，稱爲量子力學。在量子力學中，粒子不再具有個別明確的位置與速度，而是擁有一個由位置和速度組合而成的「量子態」。

薛丁格（1887-1961年）

一般來說，量子力學不會對觀察結果做出明確的預測，而只能預測眾多結果的可能性與機率。也就是說，如果有人對於許多相似的系統進行相同的測量，每次都以相同的方式開始，將會發現有多少測量的結果是A，有多少測量的結果是B等等。我們可以預測結果是A或B的次數大約為何，但是無法預測個別測量的特定結果。因此，量子力學將無法避免的不可預測性或隨機性等元素帶進科學裡。愛因斯坦對此非常排斥，儘管他在發展這些觀念上扮演重要角色。雖然曾因對量子理論的貢獻而獲頒諾貝爾獎，但是愛因斯坦從未接受宇宙是受機率支配的概念，他以一句名言為此下了註解：「上帝不會玩骰子！」不過，絕大多數科學家都樂意接受量子力學，因為與實驗完美吻合。的確，量子理論是一項傑出成功理論，幾乎是所有現代科學與科技的基礎：它支配了電晶體和積體電路的運作，這些都是現代電視和電腦等電子產品的必要裝置；另外，它也是現代化學和生物學的基礎所在。目前在自然科學中，量子力學尚未完全攻克的一塊領域是重力與宇宙大尺度結構。

雖然光是由波組成，但是普朗克的量子假說指光只能以封包或量子為單位進行放射或吸收，因此它在這方面的表現好像由粒子組成一般。同樣地，海森堡的測不準原理暗示粒子在某些方面的表現有如波動，粒子沒有明確的位置，反而以某種機率分佈「模糊開來」。量子力學以嶄新的數學型態為基礎，不再以粒子或波來描述宇宙本質。只有觀察到的各種現象，才能用粒子或波來描述。因此，在量子力學中波和粒子之間具有二元性（duality）：基於某些目的，將粒子想成波有幫助，反之亦然。這樣產生一項重要的結果，便是人們可以觀察兩組波或粒子形成的干涉現象，例如一組波的波峰與另一組波的波谷重疊時，兩組波會互相抵消（圖4.4），而不是相加增強（圖4.5）。以光線產生的干涉例子來說，大家很熟悉的例子便

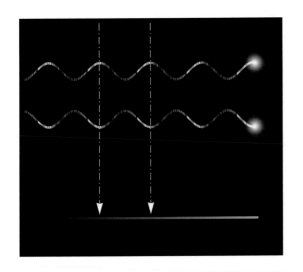

圖4.4：兩個波呈現反相，波峰與波谷互相抵消。

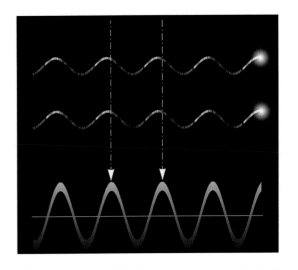

圖4.5：兩個波呈現同相，波峰與波谷重疊而增強。

是五彩繽紛的肥皂泡泡，這是因為泡泡薄膜兩面反光造成。原本，白光是由各種不同波長（或色彩）的光波所組成，當肥皂泡泡上某些波長的波峰與反射波長的波谷重疊而相互抵消時，這些波長所對應的顏色便從反光中消失，頓時讓泡泡變成彩色了。

左頁圖：肥皂泡泡。七彩繽紛的泡泡是薄膜兩面反射光線形成的干涉圖案。

根據量子力學提出的二元性概念，粒子也會發生干涉，一個著名的例子便是雙縫實驗（圖4.6）。想像一個隔板上有兩道平行的狹縫，隔板一邊設置一個會發出特定顏色（即特定波長）的光源。光大多會撞到隔板，但是少部份會穿過狹縫。現在假設在隔板後方暗處放置一具屏幕，屏幕上任一點都會收到穿越兩道狹縫抵達的波。不過，光從光源穿越狹縫到屏幕上的距離大多不同，代

圖4.6：兩道狹縫會造成明暗相間的圖案，因為穿過兩道狹縫的波會在屏幕上不同地方互相增強或抵消所致。粒子（如電子）也會形成相似的圖案，顯示粒子的行為很像波。

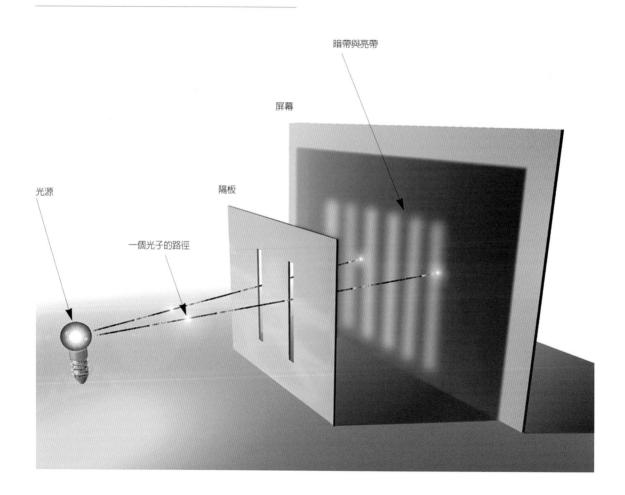

暗帶與亮帶

屏幕

光源

隔板

一個光子的路徑

表波穿越狹縫抵達屏幕時彼此並非同相，有些地方波會彼此抵消，有些地方波則互相增強，結果會出現明暗相間的典型干涉條紋。

令人稱奇的是，當用粒子源（如電子）取代光源時，並令粒子具有明確的速度（亦即所對應的波具有明確的波長），結果也會得到相同的明暗圖案。尤其更特別的是，如果只有一道狹縫，並不會得到明暗帶，只會看到屏幕上電子均勻分佈而已。單純的想法是如果打開另一道狹縫，只會增加電子擊中屏幕的數目而不會減少，但事實上因為干涉的緣故，屏幕上有些地方的電子數目會在打開另一道狹縫時反倒減少。若是每次只送出一個電子，有人可能會以為電子不是通過這道狹縫、便是通過另道狹縫，表現應該和只有一道狹縫存在一般，在屏幕上會出現均勻分佈。然而，當一次只發送出一個電子時，仍然會出現明暗條紋，可見每個電子必定同時通過兩道狹縫！

粒子之間也會發生干涉現象，這在人們

對於原子結構的了解上具有關鍵影響，而原子正是化學和生物學的基本單位，也是人類與宇宙萬物組成的磚石。在廿世紀之初，人們還認為原子與繞轉太陽的行星很像，由帶負電的電子環繞中央帶正電的原子核運轉，正電與負電之間的吸引力讓電子保持在軌道上，如同太陽與行星之間的引力讓行星保持在軌道上（圖4.7-2）。然而在量子力學問世以前，這種原子模型已存在問題。當時的力學與電磁學法則都預測電子會失去能量，然後向內旋轉直到與原子核碰撞為止。這意味

著原子與所有物質都會迅速崩塌成為高密度
的狀態。一九一三年丹麥科學家波耳（Niels
Bohr）解決了部分的問題，他指出或許電子
只能在與原子核相隔特定距離的軌道上運
轉，不是任意軌道都可以。如果再進一步假
設每個軌道上只能有一、兩個電子的話，那
麼就可以解決原子會崩塌的難題了，因為電
子不會永無休止地向內旋轉，只能換到距離
最近與能量最低的軌道上。

　　波耳的模型能夠清楚解釋最簡單的氫原
子，因為氫原子只有一個電子繞轉原子核。
但是如何將模型擴大適用在更複雜的原子上
並不清楚，而且何謂「一組有限的容許軌
道」，概念也太模糊了。新的量子力學理論
解決了這道難題，將環繞原子核的電子想成
是波，其波長與速度相關。有些軌道的長度
相當於電子波長的整數倍，每次波峰都會在
相同位置，所以波會相加，這些軌道便相當
於波耳所說的容許軌道。然而，有些軌道的
長度並非是電子波長的整數倍，隨著電子不

斷繞轉，最終波峰可能會被波谷抵消掉，這
些軌道便不是容許軌道。

　　有一個很好的方法可以想像波／粒子二
元性，是由美國科學家費曼（Richard
Feynman）提出來的歷史總和論。在這種方
法中，粒子不是像非量子的古典理論一樣，
在時空中只有一個歷史或路徑，而是行經A
點到B點的所有可能路徑（圖4.8）。每條路
徑都有幾個相關數字，一個代表波的大小，
另一個代表波在週期中的位置（如在波峰或
波谷）。從A點到B點的可能性，便是將所
有路徑對應的波全部相加得出。如果隨便選
一條路徑，它與鄰近路徑的相位（週期中的
位置）相差會很大，表示與這些路徑對應的
波大抵會完全抵消掉。另一方面，有些鄰近
路徑的波相相差不大，對應的波不會彼此抵
消，這些路徑便相當於波耳的容許軌道。

　　運用這些概念，可以利用具體的數學公
式直接計算更複雜的原子、甚至是分子的容
許軌道（分子是由許多原子結合在一起，電

●右圖：波耳（1885-1962年）。

●下圖4.7：原子模型的演進，從希臘哲學家德謨克利特（上圖）
　提出的粒狀原子（1），到拉塞福提出電子圍繞原子核運轉的
　模型（2），再到薛丁格提出量子力學的原子模型（3）。

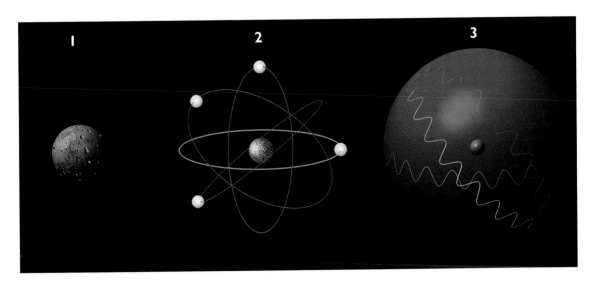

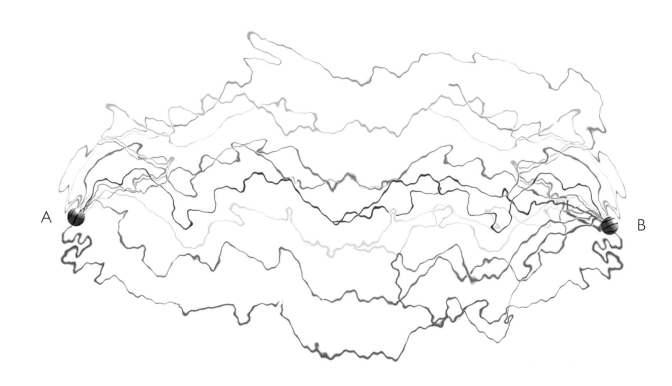

圖4.8：在費曼的歷史總和論中，一個粒子在時空中從
A點到B點會經過所有可能的路徑。

子不只繞轉一個原子核）。既然分子結構與
交互作用是所有化學與生物學的基礎，所以
量子力學在測不準原則的限制下，原則上幾
乎可以讓我們預測周遭所有事物（不過，當

系統包含不只幾個電子時，所需要的計算相
當複雜，所以實際上難以做到）。

　　愛因斯坦的廣義相對論似乎支配宇宙的
大尺度結構，屬於所謂的古典理論，未將量
子力學的測不準原理考慮在內（若是想與其
他理論相符的話，應該將測不準原理考慮在
內）。在這種情況下，廣義相對論之所以未

與觀察產生歧異，是因為一般物體所感受的
重力場極為微弱。然而，前面提過的奇異點
定理指出，至少在兩種情況下，重力場會非
常強，即黑洞與大霹靂。在這麼強的重力場
下，量子力學的效應將會十分重要。因此在
某層意義上，古典廣義相對論預測有密度無
限大的點存在，也預測了自身的瓦解，正如
同古典力學（非量子力學）指出原子會崩潰
壓縮成無窮大的密度一樣，也預測了自身的
瓦解。我們至今尚未找到一個完全一致的理
論，可以統一廣義相對論和量子力學，但是
已經知道這種理論應該具備的一些特徵。在
後面的章節中，會談到這些特徵對於黑洞和
大霹靂的意義，不過現在先來談談，近年來
科學家如何努力將所有自然作用力的知識匯
集，試圖成就統一的量子理論。

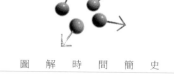
5
基本粒子與自然作用力

亞里斯多德相信，宇宙所有的物質是由四種基本元素組成：水、火、土、氣。而這些元素只有受到兩種力作用：一是重力，讓土和水傾向往下沈；二是浮力，讓空氣和火會往上升。這種將宇宙分爲物質和作用力的習慣，至今仍然沿用。

亞里斯多德相信物質爲連續之物，一塊物質可以無限切割成更小塊，也沒有人可以舉出什麼物體無法再繼續分割。不過有幾位希臘哲人如德謨克利特（Democritus）等，則主張物質本質上爲顆粒，物體皆由眾多各式各樣的原子所組成（「原子」的希臘原文即爲「不可分割」之意）。長久下來，都沒有確切的證據可支持哪派論點，但是在一八

〇三年英國化學家暨物理學家道爾頓（John Dalton）指出，化合物總是以某種比例組合而成，或許可解釋成是原子集合組成「分

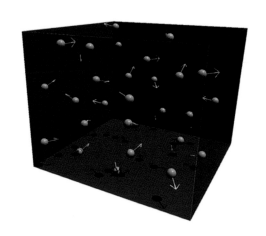

圖5.1：使用顯微鏡觀察水中的浮塵，可看到它們以任意不規則的方式運動。愛因斯坦利用這種「布朗運動」，證明水是由原子組成。

●左圖：湯姆森（1856-1940年）。英國物理學家，湯姆森是公認的電子發現者。

●右圖：拉塞福（1871-1937年），攝於麥克吉爾大學時期。

子」為單位的緣故。然而在兩派歧見中，原子論者一直未能勝出，直到廿世紀初局面才打破僵局，而愛因斯坦也在論戰中提出一份重要的科學證據。在一九○五年發表最著名的狹義相對論前幾周，愛因斯坦先提出另一篇談「布朗運動」的論文，指出液體中懸浮粒子出現的任意不規則運動，實際上可解釋成是液體的原子與懸浮粒子發生碰撞所致（圖5.1）。

其實在該論文提出之時已有懷疑之聲，認為原子本身也不是不可分割之物。在幾年前，劍橋三一學院的學者湯姆森（J. J. Thomson）已經發現一種稱為「電子」的物質粒子存在，它的質量不到最輕原子的千分

之一。湯姆森所使用的實驗裝置有點像是電視的映像管：一個熾熱的金屬絲發射出電子，因為電子帶有負電，可以用電場加速它們射向一塊螢光板。當電子擊中螢幕時，會發出閃光。很快地，大家理解到這些電子必定是從原子內部而來，最後在一九一一年時英國物理學家拉塞福（Ernest Rutherford）證明原子確實存在內部結構：它們是由帶正電的極小原子核構成，周圍有數個電子環繞運行；拉塞福是分析阿爾發粒子（放射性原子射出的正電粒子）與原子碰撞時的反射方式，因而做出這樣的結論。

起初，人們認為原子核是由電子和帶正電的質子共同組成；質子在希臘文的原意為「第一」，被視為是物質組成的基本單位。然而，一九三二年拉塞福在劍橋的同事查德

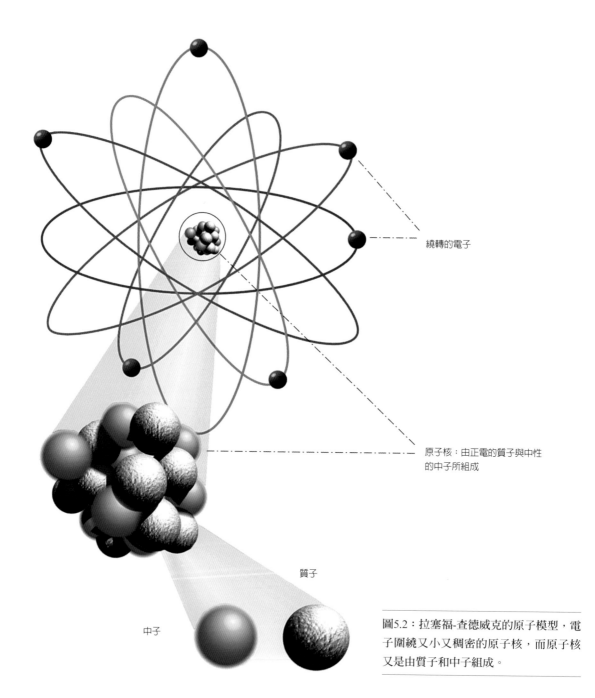

繞轉的電子

原子核：由正電的質子與中性
的中子所組成

質子

中子

圖5.2：拉塞福-查德威克的原子模型，電
子圍繞又小又稠密的原子核，而原子核
又是由質子和中子組成。

威克（James Chadwick）發現原子核裡還有另一種稱爲「中子」的粒子，與質子的質量幾乎相同，但是未帶電荷。查德威克因此獲得諾貝爾獎，並獲選爲劍橋基斯書院院長（我目前也擔任院士）。他後來因爲與院士們發生歧見而辭去院長一職，因爲戰後有一群年輕的院士回來，將許多「萬年老院士」投票趕走，以至於院內氣氛對峙不和。這事發生在我之前，我是在一九六五年才加入，已接近爭議尾聲，當時一件類似的爭議也迫使另一名諾貝爾獎得主莫特院長（Nevill Mott）掛冠求去。

一直到大約三十年前，大家都認爲質子和中子是「基本」粒子，但是在質子間或與電子高速對撞的實驗中顯示，質子實際上是由更小的粒子所組成，加州理工學院的物理學家葛爾曼（Murray Gell-Mann）將其命名爲「夸克」，一九六九年也因相關研究而獲得諾貝爾獎。命名是取自喬伊斯（James Joyce）作品中一句語意不清的話：「三夸

查德威克（1891-1974年）。曾經是二次大戰時英國原子彈計畫的主持人，以發現中子聞名，並因此於1935年獲得諾貝爾獎。

克致馬克先生！」（Three guarks for Muster Mark!）其中，「夸克」的發音應該是「夸特」，但將「特」改爲「克」的發音。

夸克分爲許多種類，總共有六「味」，稱爲上、下、奇、魅、底、頂。前面三種在一九六○年代發現，魅夸克在一九七四年發現，底夸克在一九七七年，頂夸克則在一九九五年發現；每味夸克又分成三「色」：紅、綠、藍（要強調的是，這些只是分類稱呼而已，夸克的波長比可見光短許多，沒有平常所謂的顏色；或許是現代的物理學家在

圖5.3

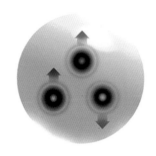

圖5.4

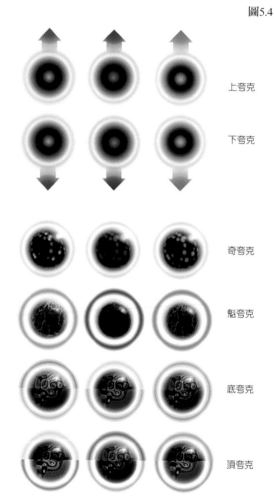

上夸克

下夸克

奇夸克

魁夸克

底夸克

頂夸克

- 左圖：中子含有兩個帶-1/3電荷的下夸克和一個帶
  +2/3電荷的上夸克，所以總電荷為零。
- 右圖：質子含有兩個帶+2/3電荷的上夸克和一個
  帶-1/3電荷的下夸克。

為新的粒子和現象命名時別具想像力，不再
只限於希臘字了）。每個質子或中子是由三
個夸克組成，每種顏色的夸克各一個。質子
包含兩個上夸克與一個下夸克，中子則含有
兩個下夸克與一個上夸克（圖5.3）。也可
以用其他夸克（奇、魁、底、頂夸克）組成
粒子，但是質量都太大了，很快會衰變成為
質子與中子（圖5.4與圖5.5）。

　　現在知道原子以及原子內部的質子或中
子，都是可進一步分割的。所以問題是：到

圖5.5

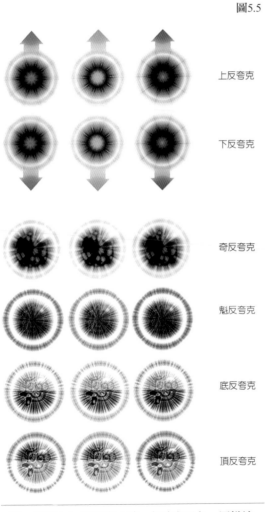

上反夸克

下反夸克

奇反夸克

魁反夸克

底反夸克

頂反夸克

●圖5.4與圖5.5：夸克有六味，每味有三色。同樣地，
反夸克有六味，每味各有三種反色（見104頁）。

底什麼才是真正的基本粒子？也就是構成萬物的基本磚石為何？由於光的波長比原子大上許多，所以無法指望用平常的方式來「看」原子內部的構造，必須使用波長更小的東西才行。上一章談過，根據量子力學所有粒子實際上都是波，而當粒子的能量越高，則對應的波長也越短。所以，用來研究原子結構的粒子能量高低，即決定能觀察的尺度有多小。測量粒子的能量時，一般是以電子伏特為單位（在湯姆森的電子實驗中，可看到他利用電場來加速電子，一個電子從一伏特電場中所獲得的能量即為電子伏特）。在十九世紀，人們唯一知道可使用的粒子能是由化學反應（如燃燒）產生的幾個電子伏特而已，屬於相當低的能量，因此原子被認為是最小的單位。在拉塞福的實驗中，阿爾發粒子已有數百萬電子伏特的能量。而近來，我們學會使用電磁場，讓粒子產生數百萬、繼而數億電子伏特的能量。所以，如今已經知道三十年前被認為是基本粒

圖5.6

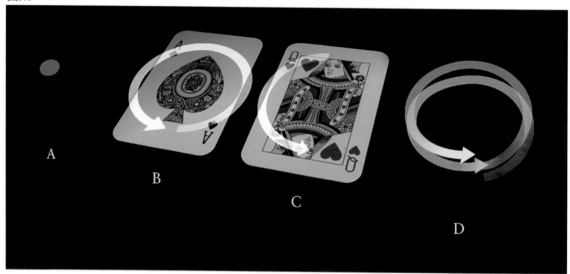

A

B

C

D

子的原子，事實上是由更小的粒子所組成。那麼，如果能量再往上增高的話，會不會發現這些粒子是由更小的粒子組成呢？當然是有這種可能，但是基於一些理論上的理由，讓我們相信已經找到十分接近自然界的終極磚材了。

　　利用上一章所介紹的波／粒二元性，宇宙萬物（包括光和重力）都可以用粒子來描述。這些粒子具有一種「自旋」的特性，有人將它想成像是小小的陀螺繞一個軸旋轉，

然而這是一種誤解，因為量子力學指出粒子並沒有所謂的轉軸，粒子自旋其實告訴我們的是粒子從不同方向看會如何改變模樣：自旋0的粒子像是一個點，從每個方向看都相同（圖5.6-A）。相較上，自旋1的粒子像是一支箭，不同的方向看起來會不同（圖5.6-B），只有轉完一圈（360度）才會看起來相同；自旋2的粒子像是一支雙頭箭（圖5.6-C），只要轉半圈（180度），粒子看起來就會和未旋轉前相同。同樣的道理，當一個

●圖5.6：基本粒子具有自旋的特質，自旋0的粒子看起
來每個方向都相同（A），自旋1的粒子要轉一圈360
度才會看起來相同（B），自旋2的粒子轉半圈看起
來相同（C），自旋1/2的粒子則要轉滿兩圈才會看起
來相同（D）。
●右圖左：狄拉克（1902-1984年），提出反物質的英
國物理學家。
●右圖右：包立（1900-1958年），提出不相容原理。

粒子的自旋數越高，則需要轉動的度數越
少，看起來便會相同。這道理似乎很簡單明
瞭，但是教人吃驚的是，有些粒子轉動一圈
仍不相同，而是必須要轉滿兩圈，才會回到
原來的樣子。這種粒子便被稱為是具有1/2
自旋的粒子（圖5.6-D）。

　　宇宙中所有已知粒子可分為兩類：自旋
1/2的粒子，構成了宇宙中的物質，以及自
旋0、1、2的粒子，造成物質粒子之間的作
用力。物質粒子會遵守包立不相容原理，是
奧地利物理學家包立（Wolfgang Pauli）於
一九二五年發現，他也因此獲得一九四五年
的諾貝爾獎。包立是大家刻板印象中的純理

論物理學家，傳言只要他出現，整個城市的
實驗都會出錯呢！包立的不相容原理指兩個
相似的粒子不可能同處在相同的物理態，亦
即在測不準原理的限制下，兩個粒子不會同
時擁有相同的位置和相同的速度。不相容原
理極為重要，解釋了為何物質粒子在自旋
0、1、2的粒子產生的作用力影響下，卻不
會崩塌成為密度極高的狀態。若是物質粒子
的位置極為接近，一定會擁有不同的速度，
因此不會在相同的位置太久。若是這世界不
是在不相容原理下創造，那麼夸克將不會形
成一個個的質子和中子，並進而與電子形成
一個個的原子，而是會全部崩塌形成大致均

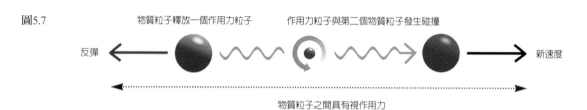

圖5.7

物質粒子釋放一個作用力粒子　　　作用力粒子與第二個物質粒子發生碰撞

反彈　　　　　　　　　　　　　　　　　　　　　　　新速度

物質粒子之間具有視作用力

圖5.7：兩個物質粒子之間的交互作用，可描述成是作用力粒子的交換。

匀濃稠的「湯」。

　　一直到一九二八年在狄拉克（Paul Dirac）提出新理論後，對於電子和其他自旋1/2的粒子才有比較正確的認識，後來他獲選爲劍橋大學數學系盧卡斯教授（牛頓曾擔任該講座教授，現在則由我擔任）。狄拉克的理論是第一個同時包含量子力學和狹義相對論的理論，以數學解釋爲何電子的自旋是1/2，也就是爲何電子轉一圈看起來不同，而是要轉兩圈才會看起來相同。另外，該項理論也預測電子應該有一個夥伴：反電子（或稱正電子）。一九三二年發現了正電子，肯定了狄拉克的理論，也讓他於一九三三年榮獲諾貝爾物理獎。現在我們知道每個粒子都有一個反粒子，兩者會互相消滅（若是作用力粒子的話，其反粒子是該粒子本身）。或許有全部由反粒子組成的反世界與反人類，不過若是見到反自我的話，可千萬不要握手，否則瞬間兩人都會灰飛煙滅呢！（圖5.8）爲什麼我們周遭粒子明顯多過反粒子許多呢？這個問題至爲重要，我後面會

自我　　　　　　　反自我

圖5.8

再提到。

在量子力學中,物質粒子之間的作用力或交互作用,都是由整數自旋(0、1、2)的粒子所攜帶,物質粒子(如電子或夸克)會釋出一個作用力粒子,造成的反彈會改變物質粒子的速度,接著作用力粒子與另一個物質粒子發生碰撞並被吸收。這碰撞會改變第二個粒子的速度,彷彿兩個物質粒子之間有一個作用力一般(圖5.7)。作用力粒子的重要特質是它們並不遵守不相容原理,意謂可以進行交換的數目並沒有限制,所以可以產生很強的作用力。若是作用力粒子的質量很大,將會很難在長距離下生成與交換,所以攜帶的作用力只能在短距離有效。另一方面,若是作用力粒子質量為零,那麼作用力的範圍將會是長距離。在物質粒子之間交換的作用力粒子稱為虛粒子,因為它不像「真實」的粒子,無法直接由粒子偵測器觀察到。不過,我們知道虛粒子確實存在,因為可偵測到其效應:它們會在物質粒子之間造成作用力。自旋0、1、2的粒子在某些狀況下會成為可以直接偵測到的實粒子,以古典物理學家稱為「波」的型態出現,如光波或重力波。有時候物質粒子發生交互作用交換虛作用力粒子之際,會釋出實粒子波(例如,兩個靜止電子之間的電斥力是因為交換虛光子所造成,虛光子永遠無法直接偵測到,但當運動中的電子與另一個電子發生交互作用時,可能會釋出真實的光子,偵測到的便是光波)。

作用力粒子可以分為四類,以作用力強度與發生交互作用的粒子而區分。但這裡要強調的是,這些分類完全是人為的,方便部分理論的建構,並無其他意義。大多數物理學家最終都希望找到統一理論,以便將四種作用力解釋為同一作用力的不同面向,許多人也認為這是今日物理學的首要目標。近來,已經成功將其中三種作用力統一了,本章將會談到。至於剩下的重力如何統一的問題,將會留到後面說明。

圖5.9

地球　　　虛重力子　　　　　　太陽
　　　　（自旋2粒子）

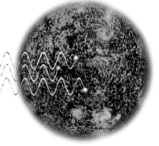

重力

地球和太陽之間的重力是由虛重力子的交換所造成。因爲重力永遠都是引力，所以地球和太陽個別粒子之間微弱的作用力會相加，形成顯著的作用力。

　　第一種要介紹的基本作用力是重力。重力具普適性，全宇宙中每個粒子都根據其質量或能量感受到重力。重力在四種作用力中最爲微弱，若不是它具備兩項特質，我們會根本毫無感覺，第一項特質是重力在長距離也會作用，第二項特質是重力永遠是吸引力。這表示，兩個巨大物體（如地球與太陽）裡個別粒子之間的微弱重力，累加起來會產生顯著的作用力。其他三項作用力不是只作用在短距離上，就是同時具有引力與斥力而常互相抵消。以量子力學來看，兩個物質粒子之間的重力交互作用可想成是由自旋2的重力子（graviton）所媒介。重力子本身

沒有質量，所以攜帶長距離作用力，太陽與地球之間的重力被視爲是兩個物體組成粒子之間的重力子交換所造成。雖然交換的粒子爲虛粒子，但確實會製造可測量到的效應，因爲它們讓地球得以繞著太陽轉動呢！實重力子是古典物理學家所說的波，非常微弱也難以偵測，所以至今尚未直接觀察到。

　　第二種作用力是電磁力，只與帶電粒子（如電子與夸克）交互作用，不會與未帶電粒子（如重力子）作用。電磁力比重力強上許多，兩個電子之間的電磁力比重力強上百萬兆兆兆倍（10^{42}）。然而，因爲有正電與負電兩種電性，兩個正電粒子或兩個負電粒

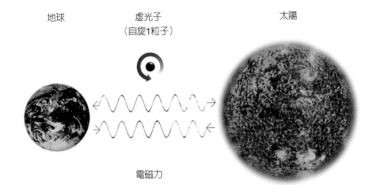

地球　　　　虛光子　　　　　太陽　　　　　　　　　圖5.10
　　　　　（自旋1粒子）

電磁力

在虛粒子攜帶電磁力的情況中，所攜帶的作用力可能是引力，也可能是斥力，所以地球和太陽內部粒子之間的作用力大致上會相互抵消。

子之間的作用力是斥力，正電粒子與負電粒子之間的作用力是引力。一個巨大的物體如地球或太陽，幾乎包含同等數目的正電粒子與負電粒子，因此物體內部個別粒子之間的引力與斥力幾乎會完全相抵，剩下的淨電力非常微小。不過，在原子和分子的小尺度，電磁力的影響至鉅，例如帶負電的電子與原子核中帶正電的質子之間的電磁引力，就是造成電子會繞轉原子核的原因，如同重力吸引造成地球繞轉太陽般。電磁引力是藉著眾多零質量的自旋1粒子-光子交換所造成，同樣地交換的光子也是虛粒子，不過當電子從一個容許軌道跳到離原子核更近的軌道時，

會釋放能量並釋出一個實光子。若波長落在某範圍的話，肉眼便可看到可見光，或者是用光子偵測器也可觀察到。同樣地，實光子與原子發生碰撞的話，可能會讓在原子核附近軌道的電子換到較遠的軌道上，這會用盡光子的能量，於是光子被吸收。

　　第三種作用力是弱核力，與放射能有關，會作用在所有自旋1/2的物質粒子上，不會作用在自旋0、1、2的粒子上，如光子和重力子。一直到一九六七年，我們才對弱核力有清楚的認識，那時倫敦帝王學院的薩拉姆（Abdus Salam）和哈佛的溫柏格（Steven Weinberg）皆提出理論，將弱核力

當輪盤快速轉動時，球可以自由在所有可能的位置上滾動，然而當輪盤減慢速度時，球只會落在37種不同位置中的一個位置。

與電磁力統一，如同約在一百年前馬克士威成功統一了電力和磁力。他們指出除了光子之外，另有三種自旋-1的粒子會攜帶弱作用力，通稱為重向量玻色子，分別為W^+、W^-與Z^0，每種粒子的質量約為100GeV（GeV為十億電子伏特）。溫柏格和薩拉姆的理論具有「自發對稱破壞」（spontaneous symmetry breaking）的特質，這是指在低能量看似完全不同的粒子，其實是處於不同物

理態的同一種粒子，在高能量時所有粒子表現趨近一致。此效應非常像是在賭輪上滾動的球，在高能量（當輪盤快速轉動）時，球的運動方式根本上只有一種，便是不停轉動；但是當輪盤慢下來時，球的能量減低，最後球會落在37個球洞中之一。換句話說，在低能量的狀況中，球可以37種狀態存在，若是只能在低能量時觀察球的行為，可能會認為有37種不同的球呢！

在溫柏格和薩拉姆的理論中，當能量遠大於100GeV時，這三種新粒子與光子的行為極為相似。但是若粒子能量較低時（也就是平時），粒子之間的對稱將會遭到破壞，W^+、W^-與Z^0粒子會獲得許多質量，使得攜帶的作用力只限於很短的距離。當薩拉姆和溫柏格提出理論的時候，極少人相信他們，粒子加速器也不夠強大，無法達到能夠製造出真正W^+、W^-與Z^0粒子所需的100GeV能量。然而接下來十年左右，兩人理論對較低能量的預測與實驗相當吻合，所以一九七九

● 左：溫柏格（1933-），最重要的工作是成功將電磁
力與弱核力統一。
● 右：格雷瑟（1932-），最早提出電力與弱核力結合
的模型。

年共同獲頒諾貝爾物理獎，哈佛大學的格雷瑟（Sheldon Glashow）也提出相似的電磁力與弱核力統一理論，於是於同年獲獎。諾貝爾獎委員會免去了出糗的難堪，因為一九八三年CERN（歐洲核子研究中心）發現光子的三個重夥伴，其質量與特性皆與預測吻合。領導數百名物理學家團隊的魯比亞（Carlo Rubbia），以及發明加速器使用的反物質儲存系統的CERN工程師范德米爾（Simon van der Meer），也於一九八四年同獲諾貝爾獎（若非已位居頂端，否則現今實驗物理很難出人頭地）。

第四種作用力是強核力，可以讓質子和中子裡面的夸克結合，再讓質子和中子在原子核內部結合。強核力是由另一種自旋-1的粒子「膠子」（gluon）所攜帶，膠子只會

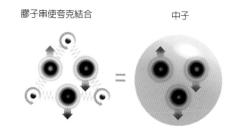

膠子串使夸克結合　　　　　　　　中子

圖5.11：夸克只能以沒有顏色的組合存在，例如紅、綠與藍夸克由膠子結合，形成「白色」的中子。

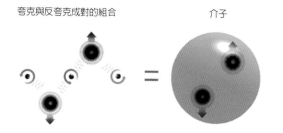

夸克與反夸克成對的組合　　　　　　介子

圖5.12：另一種無色的組合是由顏色會互相抵消的夸克與反夸克結合而成（例如紅+反紅）。

與自身及夸克交互作用。強核力具有一種奇特的性質，稱爲「局束」（confinement），會促使粒子變成沒有顏色的組合。夸克無法單獨存在，否則會有顏色（紅、綠或藍色）。膠子串會將紅夸克、綠夸克和藍夸克結合（紅+綠+藍=白），讓三個夸克組成一個質子或中子（圖5.11）。另一種可能的組合是由一個夸克與一個反夸克結合（紅+反紅，綠+反綠，藍+反藍都會組合爲白色）（圖5.12），此種組合會形成不穩定的粒子，稱爲介子，因爲夸克和反夸克傾向相互抵消，衰變產生電子與其他粒子。局束的特性也讓膠子無法單獨存在，因爲膠子也帶有

顏色，所以必須要有一群膠子，讓顏色相加變成白色。這種組合會形成一種不穩定的粒子，稱爲膠子球（glueball）。

因爲「局束」的特性，讓我們無法觀察到單一的夸克或膠子，所以乍看之下夸克或膠子的觀念似乎完全脫離現實。不過，強核力還有另一項稱爲「漸近自由」（asymptotic freedom）的特質，讓夸克和膠子的概念得以確立。在正常能量下，強核力的確很強，會讓夸克緊緊結合，不過大型粒子加速器的實驗證實，在高能量的情況下強核力會變弱許多，使得夸克和膠子有如自由的粒子一般，106頁圖5.13是一高能質子

與反質子碰撞的照片。由於電磁力與弱核力成功統一的結果，促使更多人嘗試將這兩種力更進一步與強核力結合，變成所謂的「大統一理論」（grand unified theory, GUT）。這個名稱有點誇張，因為產生的理論沒那麼偉大，也未完全統一，還未能將重力包括在內；GUT也不是眞正完整的理論，因為包含許多無法預測數值的參數，必須選擇與實驗相符者代入。不過，這離最終完整的統一

下圖為CERN阿爾發偵測器的一具帽蓋。研究者利用這類加速器產生高能粒子碰撞，可以創造出類似於大霹靂之際的狀況。

譯註②：指歐洲大強子對撞器LHC，已於2008年開始運轉。

理論還是向前邁進了一步。GUT的基本概念如下：前面提到強核力在高能量的狀況下會變弱，另一方面不具漸近自由特性的電磁力和弱作用，在高能量狀況下會變強。在某種極高的大統一能量之下，這三種作用力將會有相同的強度，所以它們或許只是某種作用力的不同面向而已。GUT也預測，在這種能量下不同自旋-1/2的物質粒子（如夸克和電子），或許本質也都相同，達成另一種統一。

大統一能量究竟為何目前尚不清楚，但可能至少要千兆GeV。目前這代的粒子加速器可讓粒子在一百GeV的能量下發生碰撞，籌建中的加速器②可將碰撞能量提高到數千GeV。但是若機器要強大到足以讓粒子加速到達大統一能量的話，恐怕會像整個太陽系一樣大，在目前的經濟氛圍下顯然不可能，因此極不可能用實驗直接測試大統一理論。不過，如同電磁力與弱作用力的統一理論，人們可以測試理論在低能量的發生的各種效

應。

這些效應當中最有趣者在於預測質子（佔一般物質的大部分質量）會自發衰變，成為更輕的粒子（如反電子等）。這點之所以可能，是因為在大統一能量之下，夸克和反電子之間沒有根本上的差別。在質子內部的三個夸克，一般沒有足夠的能量變成反電

圖5.13：這張偽色圖顯示高速粒子在雲霧室裡產生的軌跡，反質子和質子的相互消滅發生在中央交會處。
右頁圖：目前在CERN使用阿爾發偵測器的最新研究，電腦繪圖顯示粒子先衰變為夸克與反夸克，進而轉變成為許多粒子的情況。

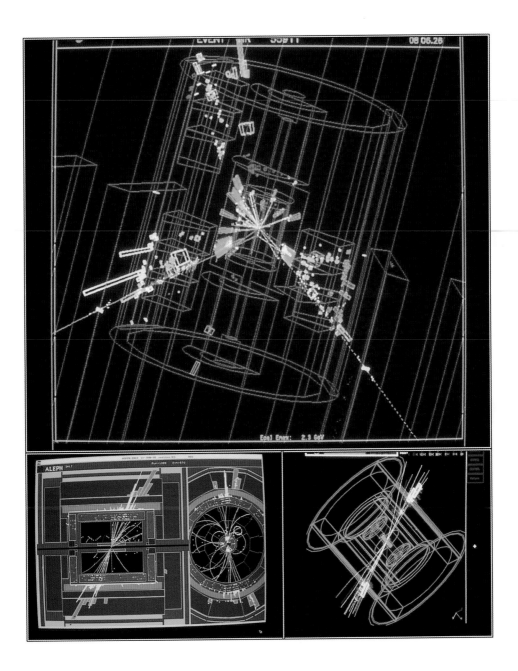

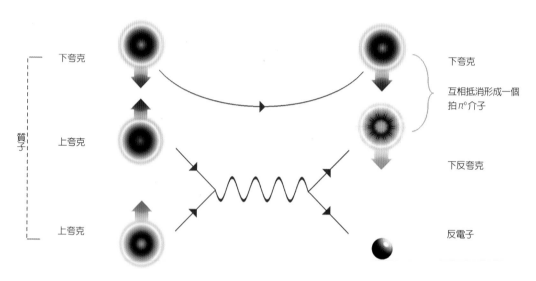

下夸克

上夸克

質子

上夸克

下夸克

互相抵消形成一個
拍 π^0 介子

下反夸克

反電子

圖5.14：在大統一理論中，質子內的兩個上夸克與一個下夸克，可能變成一個下／反下 π^0 介子與一個反電子。

子，但因為測不準原理指出質子內部夸克的能量不可能精準確定，偶爾一個夸克會得到足夠的能量而使質子會發生衰變。由於夸克獲得足夠能量的可能性如此低，我們至少可能得等到百萬兆兆年後（10^{30}年）才有機會看到，這個數字還遠超過大霹靂發生至今的百億年（10^{10}年）時間！這或許會讓人以為實驗不可能測試質子自發衰變，所幸我們可以觀察大量擁有許多質子的物質，以便提高

偵測到衰變的機會，例如觀察10^{31}個質子一年的時間，那麼根據最簡單的GUT，平均將可觀測到不止一次的質子衰變。

這類實驗已經進行不少次，但是至今尚未明確捕捉到質子或中子衰變的證據。其中，有個實驗使用八千噸的水，在俄亥俄州的莫頓鹽礦底下進行（這是為了避免將宇宙射線干擾誤會為質子衰變）。由於此項實驗也未觀測到質子自發衰變，所以推估質子的生命期必定大於10^{31}年，這比最簡單的大統一理論所預測的質子生命期更長，不過有更複雜的理論預測質子享有更長的生命期。因

此，仍然有待未來發展出更靈敏的實驗，可以對更大量的物質進行觀測。

即使很難觀測到質子自發衰變，但人類本身的存在可能是此過程顛倒過來的結果。換句話說，從太初宇宙夸克與反夸克等量（很自然的假設）的狀態，演化出現在所見的質子或更基本的夸克之過程，可以視為質子衰變的逆反應。我們知道，地球上的物質主要是由質子和中子組成，而兩者又是由夸克組成。然而，宇宙中並沒有自然存在由反夸克組成的反質子或反中子，只有少數由物理學家在大型粒子加速器中製造出來者。從宇宙射線得到證據，顯示銀河系裡所有的物質當中，除了少數在高能碰撞中產生的粒子／反粒子對，沒有反質子或反中子存在。如果在銀河系中有一大片反物質的區域的話，我們應該會在物質區域與反物質區域兩者的邊界觀察到大量輻射才對，因為那裡有許多粒子會與其反粒子碰撞，彼此消滅並釋放高能輻射。

對於其他星系的物質是否全由質子與中子組成，或是全由反質子與反中子組成，我們沒有直接的證據，但必定是其中一種情況，因為在單一星系中不可能有混合的情況存在，否則我們同樣會觀察到因互相消滅而釋放的大量輻射。既然我們銀河系是物質組成，很難相信有些星系整個是反物質組成，因此科學家相信所有的星系都是由夸克而非反夸克組成。

為什麼夸克的數目會遠多於反夸克呢？為什麼兩者不會數目相當呢？我們應該很慶幸兩者數目不相當，因為假設兩者數目相同的話，那麼幾乎所有的夸克和反夸克在宇宙初生之際便會彼此消滅，讓宇宙充滿輻射，難有所謂的物質存在。在這種情況下，將不會有星系、恆星或行星，人類也不可能出現了。幸運地，大統一理論或許可以提供一個解釋，說明為何宇宙縱使一開始兩者相當，現有的夸克會多過反夸克。如前面談到，GUT允許夸克在高能量之下轉變成反電

子，也允許逆轉過程，讓反夸克變成電子，而電子與反電子變成反夸克與夸克。在宇宙初生之際的高熱狀態中，有一段時期粒子能量高到足以發生這種轉變，但是為什麼那導致夸克數目超過反夸克呢？原因是粒子與反粒子的物理法則，並不完全相當。

在一九五六年以前，大家都相信物理法則遵守三種不同的C、P、T對稱。C對稱是指粒子與反粒子的法則相同；P對稱是任何情況與其鏡像的法則相同（粒子右旋的鏡像為粒子左旋）；T對稱指若倒轉所有粒子與反粒子的運動方向，系統會回到先前的狀態。換句話說，時間往前往後的法則都相同。在一九五六年美國科學家李政道與楊振寧指出，弱作用力事實上不遵守P對稱，也就是弱作用力讓宇宙與鏡像宇宙的演進方式不同。同年另一名同事吳健雄證明這項預測是正確的，她在磁場中將放射性原子的原子核往相同方向旋轉，結果某個方向射出的電子會超過另一個方向，因此第二年李政道與

楊振寧同獲諾貝爾獎。另外，人們也發現弱作用不會遵守C對稱，也就是會讓反粒子宇宙不同於我們的宇宙。然而，弱作用似乎會遵守合併的CP對稱，也就是反粒子鏡像宇宙會與我們的宇宙以相同的方式演進！不過，一九六四年另外兩名美國科學家克羅寧（J. W. Cronin）與菲奇（Val Fitch）發現，K介子衰變時並不會遵守CP對稱，兩人最後於一九八〇年獲得諾貝爾獎。（許多獎頒給了發現宇宙比想像中複雜的研究呢！）

有個數學定理指出，任何遵守量子力學與相對論的理論，一定都會遵守合併的CPT對稱。換句話說，若是將粒子以反粒子取代、採用鏡像並倒轉時間方向，宇宙的表現將會相同。但是克羅寧與菲奇的研究指出，若是採反粒子與鏡像，但未倒轉時間方向的話，那麼宇宙的表現不會相同。因此，若改變時間方向的話，物理法則必會改變，因為宇宙並不遵守T對稱。

當然早期宇宙並未遵守T對稱：隨著時

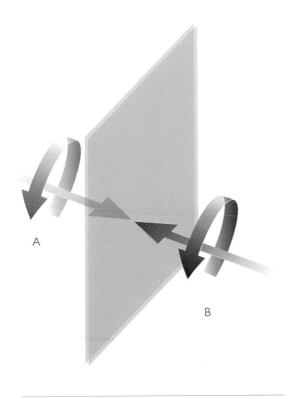

圖5.15：往右旋轉的粒子，鏡像為往左旋轉的粒子。
若P對稱成立，兩者的物理法則將會相同。

間往前，宇宙發生擴張；若是時間倒轉，宇宙將會收縮。而因為有某些作用力未遵守T對稱，當宇宙擴張時，這些作用力會讓反電子變成夸克的數量，超過電子變成反夸克的數量，當宇宙擴張並冷卻下來時，反夸克會與夸克互相消滅，但既然夸克的數量超過反夸克，就有一些多餘的夸克會留下來，這些殘留的夸克構成我們今日看到的物質以及人類本身。所以，人類的存在可視為是對大統一理論的肯定，不過只是一種定性描述上的一致而已，因為我們不確定在夸克與反夸克彼此消滅後，會有多少夸克留下來？甚至不確定留下的是夸克或反夸克？（不過，若多出來的是反夸克，我們會逕行將反夸克命名為夸克，把夸克改為反夸克而已。）

大統一理論並未包含重力，不過因為重力的作用力太過微弱，若涉及基本粒子或原子時，其效應通常可忽略不計。然而，重力既是長距離作用力，又永遠都是吸力的特質，代表其效應可加總累積，所以若是有大量的物質粒子，重力將會凌駕其他三種作用力，因此，重力決定了宇宙的演化，即使對恆星大小的物體，重力的吸引力也會超過其他作用力，使之崩塌。我在一九七〇年代研究的重點是黑洞，黑洞便是由恆星崩塌與周遭超強重力場所造成，這涉及量子力學與相對論兩者的相互影響，對尚待完成的重力量子理論進行初探。

6
黑洞

「黑洞」這個生動的名詞起源相當新，是一九六九年美國科學家惠勒（John Wheeler）所創。相關概念可追溯到二百年前，當時針對「光」有兩派理論，一派是牛頓偏愛的光由粒子組成說，另一派則主張光是由波所組成。現在知道兩種理論都正確，在量子力學波粒二元性之下，光既可視爲波，又可視爲粒子。在光波理論下，並不清楚光會如何因應重力的影響，但若是將光視爲由粒子組成，便知道光受重力影響的方式，與大砲、火箭與行星皆然。起初人們認爲光的粒子會以無限大的速度前進，所以重力無法讓光減慢速度，但是自從羅默發現光的前進速度有限時，意味著重力必定有重要的影響。

在這個假設上，一七八三年劍橋的米歇爾（John Michell）在《倫敦皇家學會哲學議事》上發表論文，指出如果恆星質量夠高且密度夠大，則強大的重力可能會讓光線無法逃脫，也就是從這類恆星表面發出的光線，會被恆星的重力吸引拉回，根本沒有機會逃脫。米歇爾認爲這類恆星可能爲數不少，雖

然因為光線未能抵達地球讓我們看不到，但是仍然可以感受到它們的重力吸引。現在稱這類物體為「黑洞」，顧名思義它們是空間中黑色的空洞。幾年過後，法國科學家拉普拉斯也提出類似的看法，不過顯然是獨立於米歇爾提出的意見。有趣的是，拉普拉斯只在《世界體系》（The System of the World）的第一版與第二版提出這個概念，後來幾版都刪除了，或許他覺得這個點子太瘋狂了（而且，十九世紀光的粒子說也不再受到喜愛，似乎所有現象都可用波理論解釋；但是根據波理論，並不清楚光到底會不會受到重力影響）。

　　事實上，將光當成牛頓重力理論中的砲彈來處理並不太正確，因為光速是固定的。從地球表面向上發射的砲彈，會因重力減低速度，最後減至零再往下掉落；然而，如果

左頁圖6.1：米歇爾指出，超重的恆星表面放射的光線將會被自身強大的重力場拉回，讓我們無法看見。這些十八世紀的「黑星」，即是今日「黑洞」的前身。

光子持續以一定的速度往上，那麼重力如何能影響光呢？一直到一九一五年愛因斯坦提出廣義相對論之後，才對於重力如何影響光出現一個合理的理論，不過要再等待許久以後，才明白該理論對於重恆星的意義。

　　想了解黑洞如何形成，需要先了解恆星的生命週期。恆星的形成是當大量氣體（主要是氫氣）在自身重力的影響下，開始產生崩縮，當收縮時氣體原子之間的碰撞越來越密集與劇烈，讓氣體溫度升高，最後讓氫原子核碰撞時不再互相彈開，而是會融合形成氦，在反應中（有如氫彈爆炸）將熱釋放出來，這就是恆星發亮的原因。多餘的熱也會增加氣體的壓力，直到足以平衡重力，並讓氣體停止收縮為止。這有點像是氣球，內部氣體的壓力（試圖讓氣球擴張）以及橡皮的張力（試圖讓氣球變小）維持平衡，恆星便在核反應產生的高熱與重力引力兩者達成平衡之下，維持長期的穩定狀態（見圖6.2）。不過，最後恆星會燒光氫氣等核燃

料，矛盾的是，恆星一開始的燃料越多，也會越快用光，這是因為當恆星越大，需要越多熱才可平衡重力；而當恆星越熱，又會越快用盡燃料。太陽的燃料大概還夠撐五十億年，但是有些更巨大的恆星，燃料只夠再用一億年，比宇宙的年齡短了許多。當恆星用盡燃料時，會開始冷卻與收縮。接下來會發生什麼事情，一直要等到一九二○年代末期才開始了解。

　　一九二八年，印度研究生錢德拉賽卡（Subrahmanyan Chandrasekhar）搭船出發，要到劍橋跟英國天文學家愛丁頓爵士（Sir Arthur Eddington）學習。愛丁頓是廣義相對論的專家，根據記載，一九二○年代早期曾經有位記者請教愛丁頓，表示自己聽說世界上只有三個人懂廣義相對論，只見愛

圖6.2：典型恆星的誕生、演化與死亡。若是恆星的質量低於錢氏上限，最終會變成棕矮星或白矮星；若質量高於上限，超巨星最後的重力崩塌會造成中子星或黑洞。

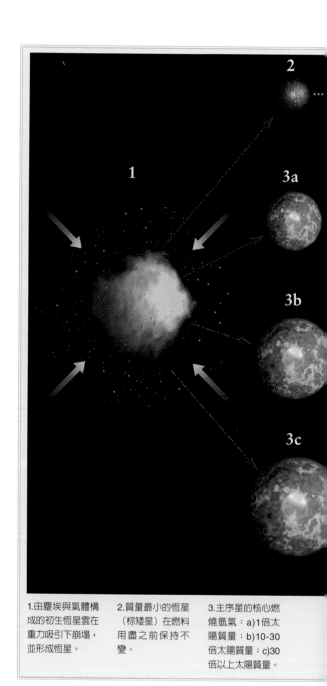

1.由塵埃與氣體構成的初生恆星雲在重力吸引下崩塌，並形成恆星。

2.質量最小的恆星（棕矮星）在燃料用盡之前保持不變。

3.主序星的核心燃燒氫氣：a)1倍太陽質量；b)10-30倍太陽質量；c)30倍以上太陽質量。

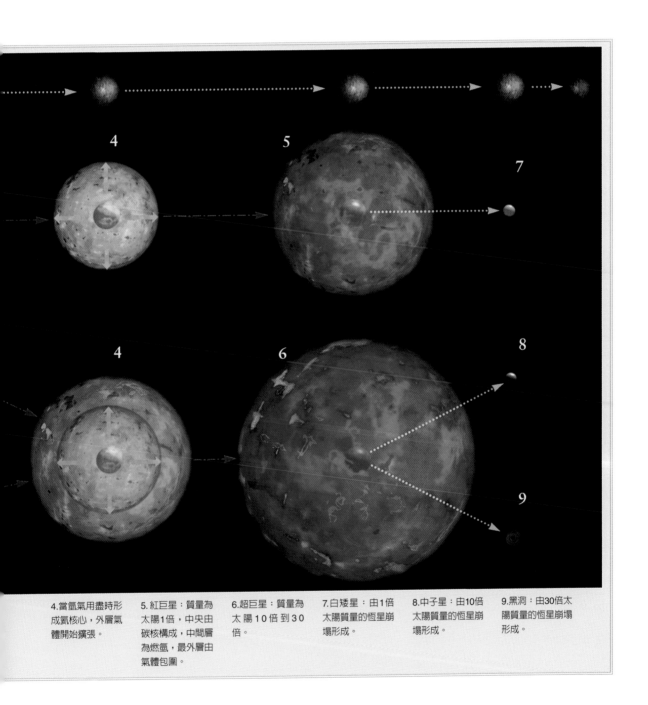

4.當氫氣用盡時形成氦核心，外層氣體開始擴張。

5. 紅巨星：質量為太陽1倍，中央由碳核構成，中間層為燃氫，最外層由氣體包圍。

6.超巨星：質量為太陽10倍到30倍。

7.白矮星：由1倍太陽質量的恆星崩塌形成。

8.中子星：由10倍太陽質量的恆星崩塌形成。

9.黑洞：由30倍太陽質量的恆星崩塌形成。

愛丁頓（1882-1944年）

藍道（1908-1968年）

錢德拉賽卡（1910-1995年）

丁頓停一會兒，答道：「我在想誰是第三個人呢！」在航行途中，錢德拉賽卡研究恆星應該要多大，才能在燃料用盡時還能支撐自己並對抗重力作用。其想法如下：當恆星變小時，物質粒子彼此極爲接近，而根據包立不相容原理，粒子必定有不同的速度，促使它們彼此遠離，支持住恆星。因此，由於重力吸引與不相容原理產生的斥力之間達成平衡（正如同先前重力與熱度獲得平衡一般），讓恆星得以維持一定的半徑大小。

不過，錢德拉賽卡明白不相容原理所產生的斥力具有極限。相對論限制恆星裡面物質粒子速度的最大差異不可超過光速，意指當恆星密度夠高時，不相容原理產生的斥力將會少於重力吸引。根據錢德拉賽卡的計算，一個變冷的恆星若質量超過太陽質量的1.5倍，將無法抗衡重力作用而產生塌縮（今日這個質量稱爲錢氏上限）。大約在同時，蘇俄科學家藍道（Lev Davidovich Landau）也提出相似的理論。

這對於重恆星的終極命運具有重要意義。若是恆星的質量低於錢氏上限，最終會

停止收縮，並形成「白矮星」：半徑達數千哩，密度為每立方吋數百噸，並由物質中電子之間的包立斥力所支撐。現在已經觀察到許多白矮星，首先發現的白矮星是環繞天狼星（夜空中最明亮的恆星）運轉的伴星。

藍道指出，同樣也是在一、兩倍太陽質量的限制下，恆星最終還有另一種命運，但比白矮星更小。這些恆星將會受到中子和質子之間的包立斥力支撐，而非電子之間產生的斥力，其半徑只有十哩左右，密度為每立方吋數億噸。在剛提出這項預測時，根本沒有辦法觀察到中子星，直到後來才真正偵測到。

當恆星的質量超過錢氏上限時，在燃料用盡之際將會面臨大麻煩。有時候可能會藉噴發設法甩掉夠多的質量，讓質量減少到錢氏上限之下，可避免因重力崩塌而毀滅，但很難相信不管恆星多大，每次都能如此逃過一劫。恆星如何能知道必須減重呢？而縱使每個恆星都設法減去足夠的質量以避免崩

塌，若是加更多質量到白矮星或中子星讓它們超過錢氏上限，那又如何呢？會不會崩塌變成無窮大的密度呢？愛丁頓被這些深層涵義嚇壞了，不肯相信錢德拉賽卡計算的結果。他認為恆星絕對不可能崩塌成為一點，這也反映出當時大多數科學家的觀點。愛因斯坦更是撰寫一篇論文，宣稱恆星不可能減縮至零。由於其他科學家的敵意，特別是來自既是前任指導老師又身為恆星結構權威的愛丁頓，迫使錢德拉賽卡不得不放棄這條研究路線，轉向星團運動等其它天文學問題。不過，錢德拉賽卡在一九八三年終於獲得諾貝爾獎，有大半是因為他早期對冷星質量限制的研究。

錢德拉賽卡證明，對於質量超過錢氏上限的恆星，不相容原理無法阻止其崩塌，然而這類恆星的命運為何，一直到一九三九年才由年輕的美國科學家歐本海默（Robert Oppenheimer），根據廣義相對論提出解答。不過，歐本海默的解答並非當時的望遠

鏡所能觀測,接著二次世界大戰爆發,他本人忙著主持原子彈計劃,而戰後重力崩塌的問題又被遺忘了,因為大多數科學家對於原子尺度與原子核的研究非常熱衷。不過,到了一九六〇年代,由於現代科技應用大幅提升天文觀測的數量與距離,促使大家又重新燃起對大尺度天文學與宇宙學問題的興趣,歐本海默的研究又再度被許多人發掘並推廣。

　　現在我們從歐本海默研究得到的圖像如下:恆星的重力場會讓光線在時空中改變方向,與沒有恆星時的路徑不同,接近恆星表面的光錐(光線射出前緣在時空中的路徑集合)會稍微向內彎曲,日食之際即可直接觀察到遠方恆星發出的光線發生彎曲。當恆星收縮時,表面的重力場會變強,光錐也會更加朝內,使得恆星發出的光線更難逃脫,對於遠方的觀察者來說,光會變得更暗更紅。最後,當恆星收縮到一個臨界的大小時,表面的強大重力場會使光錐朝內使光線再也無

歐本海默(1904-1967年):他於1942-1945年間擔任新墨西哥州洛薩拉摩斯實驗室的主任,設計並建造出首批原子彈。

法逃脫(圖6.3)。根據相對論,沒有東西可以行進得比光快,因此如果光都不能逃脫,其他東西也不能,每件東西都被重力場拉回來,所以這裡形成了一組事件集合,在這個時空區域所有東西都無法逃脫抵達遠方的觀測者。這個區域便是如今所稱的「黑洞」,其邊界稱為事件視界,與無法逃離黑洞的光線路徑重合。

　　要想像恆星崩塌形成黑洞時的景象,首先要記住在相對論裡沒有絕對的時間,每個觀察者對於時間有自己的度量,恆星上面的觀察者與遠方觀察者的時間,因為恆星重力

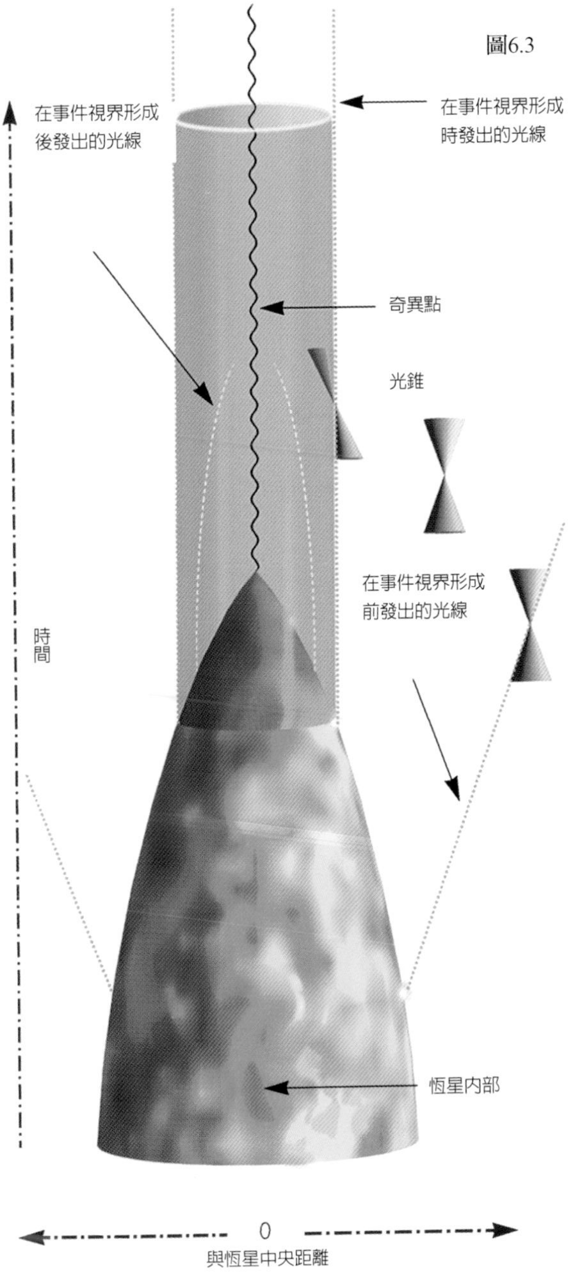

場的效應而有所不同。假設崩塌的恆星上面有一位勇敢的太空人，跟著恆星往內塌陷的他，按著手錶每隔一秒鐘送出一個訊號給環繞恆星的太空船。假設在手錶的11:00時，恆星會塌縮至臨界半徑以下，重力場強到沒有東西可以逃脫，太空人的訊號也無法再傳到太空船了。隨著11:00的接近，在太空船上接收訊號的夥伴將會發現每個訊號的間隔越來越久，但是此效應在10:59:59之前都非常小，在10:59:58的訊號與10:59:59送出的訊號之間，等待時間只比一秒鐘略長一點而已，但是對於11:00的訊號則必須等待無窮的時間了。從太空船上來看，按照太空人的手錶在10:59:59與11:00之間，從恆星表面發出的光波將會散佈在一段無窮的時間裡。在太空船上，連續波抵達的時間間隔將會越來越久，所以恆星的光線會越來越紅，也越來越黯淡，直到最後從太空船上看不見恆星為

圖6.3：重恆星崩塌並形成黑洞的時空圖。

圖6.3

在事件視界形成後發出的光線

在事件視界形成時發出的光線

奇異點

光錐

在事件視界形成前發出的光線

時間

恆星內部

0

與恆星中央距離

圖6.4

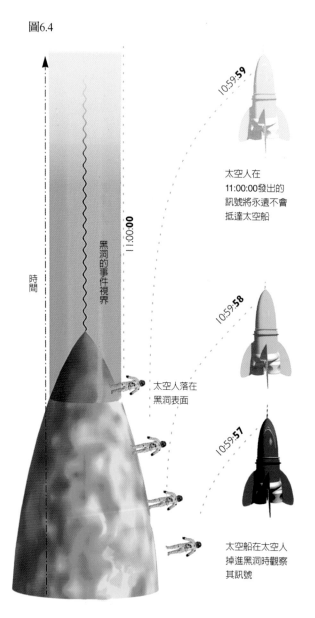

時間

黑洞的事件視界

11:00:00

10:59:**59**

太空人在
11:00:00發出的
訊號將永遠不會
抵達太空船

10:59:**58**

10:59:**57**

太空人落在
黑洞表面

太空船在太空人
掉進黑洞時觀察
其訊號

止，只會在空間中留下一個黑洞。不過，恆星會繼續對太空船施加相同的重力，讓太空船繼續繞著黑洞運轉。然而，這個景象並不完全切合實際，因為存在以下的問題：當離恆星越遠，則重力越弱，所以太空勇士的雙腳所承受的重力，遠大於頭部的重力。作用力的差異將會將太空人像義大利麵一樣細細拉長，也就是在恆星收縮至臨界半徑並形成事件視界之前，太空人便會被撕裂了（圖6.5）。不過，我們相信在宇宙中有更巨大的物體會經歷重力崩塌而形成黑洞，例如星系的中心區域，在這裡的太空人在黑洞形成之前將不會被撕裂。事實上即使到達臨界半徑時，太空人也不會有任何特別的感受，踏上「不歸路」那刻他也不會注意到。不過在進入臨界半徑幾個小時後，隨著整個區域持續崩塌，讓太空人頭部與腳部的重力差異實在太強了，最終還是沒能逃過被撕裂的命運。

　　我和潘若斯在一九六五年到一九七〇年

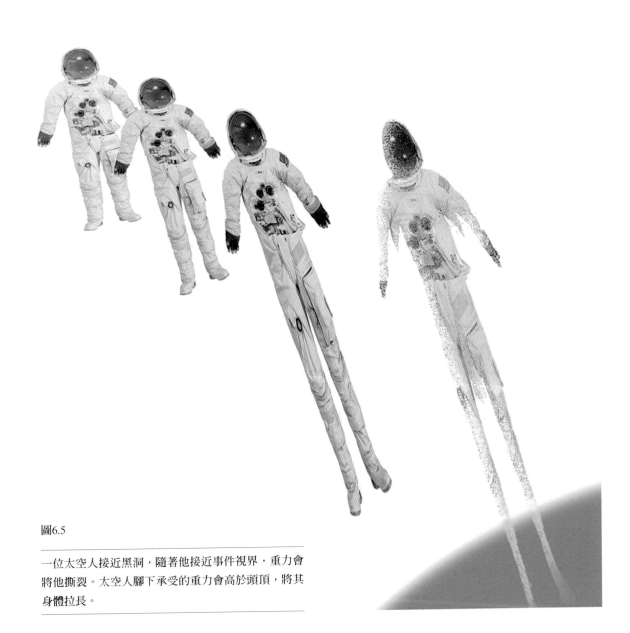

圖6.5

一位太空人接近黑洞，隨著他接近事件視界，重力會
將他撕裂。太空人腳下承受的重力會高於頭頂，將其
身體拉長。

一個重恆星在自身重力
的壓力下開始崩塌

恆星內爆時
會往重力井更深處掉落

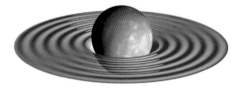

圖6.6

之間的研究顯示：根據廣義相對論，在黑洞裡存在一個密度無限大與時空曲率無限大的奇異點。這很像是時間開始的大霹靂，只是對於崩陷的物體與太空人來說，卻是時間的結束。在奇異點，科學法則與我們預測未來的能力將會遭到破壞。但是，留在黑洞外面的觀察者並不會受到「無法預測」的影響，因為光或任何訊號都無法從奇異點抵達觀測者。這個驚人的事實讓潘若斯提出宇宙審查

圖6.6：當恆星收縮時重力場會逐漸加強，對於周遭的效應可將空間想像成是一張彈性十足的表面，隨著質量越重，下壓之處便越深。這裡看到最後的重力內爆，正是黑洞的奇異點。

假設（cosmic censorship hypothesis），或許可以改成「上帝討厭裸露的奇異點」。換句話說，由重力崩塌所製造的奇異點，只會出現在像黑洞的地方，事件視界讓它深藏不露，使外界無法觀測到。嚴格來說，這稱為

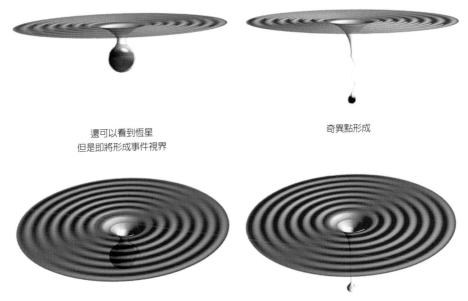

還可以看到恆星
但是即將形成事件視界

奇異點形成

弱宇宙審查假設，可保護留在黑洞外面的觀察者，免於承擔奇異點發生預測性瓦解的後果，但是對於那個不幸掉落黑洞的可憐太空人來說，一點幫助也沒有。

在廣義相對論的方程式中，有幾個解可以讓太空人看見裸露的奇異點，在這解中他能夠躲過奇異點，進入一個蟲洞並從宇宙另一處冒出來。這為時空旅行帶來無窮的希望，然而可惜的是這些解極不穩定，縱使最

微小的擾動，例如太空人的出現，也可能會造成劇烈變化，讓太空人看不到奇異點，直到一頭撞上奇異點，跟這個世界說再見為止。換句話說，奇異點一直在他的未來，而不是過去。強宇宙審查假設指在一個真實的解中，奇異點將會完全在未來（如重力崩塌的奇異點），或完全在過去（如大霹靂）。我十分堅信宇宙審查說，所以與加州理工學院的索恩（Kip Thorne）和裴士基（John

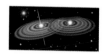

圖6.7：兩個恆星或甚至是兩個彼此繞轉的黑洞，會產生強大的重力波。對PSR1913+16系統的觀察清楚顯示，有兩個中子星朝彼此旋轉接近，因為它們釋出重力波而失去能量。

Preskill）打賭，主張此說必定成立。但是由於一項技術細節，算我打賭輸了，因為有些解的奇異點可以從遙遠的地方看到。所以願賭服輸，賭注是我得為兩人提供衣物，以免他們裸露曝光。但是我可以宣稱精神勝利，

因為這類裸露的奇異點並不穩定，絲毫擾動便會讓它們消失或被事件視界掩藏起來，所以永遠不可能出現在真實世界裡。

事件視界是無法逃脫的時空區域之邊界，好比是包圍黑洞的單向薄膜，物體（如不知情的太空人）會穿越事件視界掉進黑洞裡，但是沒有東西能穿越事件視界出來（記住事件視界是光試圖逃離黑洞時在時空中的路徑，然而沒有東西能快過光速）。可以引

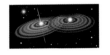

用詩人但丁描述地獄的話，套用在事件視界上：「入此門者，希望全滅。」任何東西或任何人，只要掉落事件視界裡，馬上會到達密度無限大的區域，並且面臨時間的結束。

廣義相對論預測運動中的重物會釋出重力波，造成空間曲率上的漣漪，並以光速前進。重力波與光波（電磁場中的漣漪）相似，但是更難偵測，必須從兩個自由運動物體之間距離的細微變化來著手。美國、歐洲與日本都在建造偵測器，預計將具備10^{21}的距離偵測能力，或說在十哩內小於一個原子核的靈敏度。

像光一樣，重力波會從釋出的物體帶走能量，因此由重物組成的系統，最終會到停止狀態，因為任何運動的能量都會因釋放重力波而消失（好比將一個軟木塞丟到水裡，剛開始會大幅上下振盪，但是漣漪會帶走能量，最終會停住成為靜止狀態）。例如，地球繞轉太陽的運動會製造重力波，而喪失能量的結果會改變地球的軌道，讓地球越來越接近太陽，最終與太陽碰撞而停住。不過，地球和太陽喪失能量的速率非常低，大約是讓小型電暖爐運轉的能量而已，這表示要花上千兆兆年，才會讓地球撞上太陽，所以不用杞人憂天。地球軌道的變化太過細微而難以觀測到，不過過去幾年卻可以觀察到相似的效應發生在PSR1913+16的系統上（PSR代表「波霎」，是一種特別的中子星，會發出規律的無線電波脈衝）。該系統有兩個中子星，彼此互相繞轉（圖6.7），它們因釋放重力波而失去能量，讓它們朝彼此旋轉接近。這肯定了廣義相對論，為泰勒（J. H. Taylor）與哈爾斯（R. A. Hulse）贏得一九九三年的諾貝爾獎。就此系統而言，兩個中子星大概在三億年後才會相撞，在碰撞之前將會旋轉得非常快速，釋放足夠的重力波讓LIGO等偵測器偵測到。

恆星因重力崩塌而形成黑洞的時候，運動會更加快速，所以能量被帶走的速率也更快，越快速趨向最終的穩態。最後這個階段

圖6.8：隨著旋轉速度增加，克爾黑洞會在赤道地帶凸起；旋轉為零時會形成完美的正球體。

會如何呢？有人可能會猜這與恆星形成時種種複雜的特徵相關，所以不僅是質量與旋轉速度，也涉及到恆星不同區域的密度高低，如果黑洞和恆星一般多變，要對它們做確切的預測會變得很困難。

不過，一九六七年加拿大的科學家以斯列（Werner Israel）改寫了黑洞的研究史。以斯列出生於柏林，在南非長大，於愛爾蘭獲得博士學位。他指出，根據廣義相對論，非旋轉的黑洞必定相當簡單，會是正球形，

大小只與質量相關，而且兩個質量相同的黑洞也會相同。事實上，這類黑洞可用愛因斯坦方程式中一個特別的解來描述，就在廣義相對論提出不久後，一九一七年由史瓦茲柴德（Karl Schwarzschild）發現。起初，許多人（包括以斯列在內）都主張既然黑洞為正球形，所以也只能由正球體崩塌而成。不過，真正的恆星一定不是正球體，因此崩塌後不會形成史瓦茲柴德黑洞，只能形成一個裸露的奇異點。

不過，對於以斯列的研究也有不同的解讀，特別是來自潘若斯與惠勒的見解。他們主張，因為恆星崩塌的運動速率極快，意味著所釋出的大量重力波，會讓恆星在過程中變得更圓，等到最後靜止時，已經成為正球狀。根據此派觀點，不管形狀與內部構成何其複雜，任何非旋轉的恆星在重力崩塌後，最終都會變成正球形的黑洞，其大小只與質量相關。進一步的計算支持此派觀點，很快廣獲大家的採納。

類球體　　立方體　　　　　錐體　　上有高山的星體

圖6.9：黑洞的最後階段
只與其質量及旋轉速度相關，
關於崩塌物體的大量訊息將會消失。

無毛的黑洞

以斯列的研究只涉及非旋轉恆星所形成的黑洞而已，一九六三年紐西蘭的數學家克爾（Roy Kerr）又發現廣義相對論的一組方程式解，可以容許旋轉的黑洞。克爾黑洞會以一定的速度旋轉，其大小與形狀只與質量與旋轉速度相關。若是旋轉率為零，黑洞會是正圓形，其解也與史氏解相同。若旋轉率不為零，則黑洞的赤道周邊會向外凸起（如地球或太陽因旋轉而凸起），而當旋轉越快，則凸起也越明顯（圖6.8）。所以，若推廣以斯列的研究，將旋轉的恆星也納入，我們猜測任何會崩塌形成黑洞的旋轉物體，最終的靜止狀態都可用克爾解描述。

一九七〇年，我在劍橋大學的同學與同事卡特（Brandon Carter）率先證明此猜想。他發現，若穩定態的旋轉黑洞具有對稱軸（旋轉的支點），則黑洞的大小與形狀將只與質量與旋轉速度相關。接著，我在一九七一年證明任何穩定態的旋轉黑洞確實具有這種對稱軸。最後，一九七三年倫敦國王學院的羅賓森（David Robinson）使用卡特和我的結果證明：原來的猜測正確無誤，這種旋轉黑洞確實是克爾解！所以，在重力崩塌後，黑洞一定會趨近旋轉而非脈動的狀態，而且，黑洞的大小與形狀只與質量與旋轉速度相關，與先前崩塌並形成黑洞的物體特性無關，這項特質可用一句名言總結：「黑洞無毛」。「無毛定理」十分重要，因為它大大限制黑洞的種類型態。因此，我們可以詳盡建構包含黑洞的物體模型，然後比較模型的預測與觀察的結果。這也代表崩塌物體的大量訊息在黑洞形成時必定會消失，因

為之後只能測量到黑洞的質量和旋轉速度（圖6.9），下一章還會再詳細討論有關訊息消失的意義。

在獲得任何觀察證據的肯定之前，物理學家只以詳盡的數學模型來發展黑洞理論，這種情況為科學史上少見。事實上，這點向來也是反對者的主要論據：黑洞的唯一證據來自於用可疑的廣義相對論所做的計算，教人如何相信呢？不過，一九六三年加州帕洛瑪天文台的天文學家史密特（Maarten Schmidt），測量到一個黯淡的似星體發出紅移，讓情況逐漸改觀。該似星體位於電波源3C273的方向（縮寫意義為劍橋電波源第三目錄273號），史密特發現它的紅移量太大了，不可能是由重力場造成，因為若屬於重力紅移，表示該物體實際上會過重且過近，甚至干擾太陽系裡行星的軌道。他主張，紅移是由宇宙擴張造成，換句話說，該物體位在非常遙遠的地方。在如此遙遠地方卻能讓人們看得見，表示該物體一定非常明

亮，也就是說發射大量的能量。唯一讓人想到能夠製造如此龐大能量的方式，是來自巨大黑洞，而且這種巨型黑洞不是恆星發生重力崩塌所造成，而是來自於一個星系的整個中心區域崩塌形成。後來發現許多相似的「似星體」，或稱「魁霎」（quasar），都具有大量的紅移，但由於相距遙遠難以觀察，無法對黑洞的存在提供更確切的直接證據。

進一步肯定黑洞存在的證據是在一九六七年，一位劍橋大學博士生約瑟琳‧貝爾—伯內爾（Jocelyn Bell-Burnell）發現天上有發出規律無線電脈衝的物體。起初，貝爾和指導老師修伊斯（Antony Hewish）以為找到銀河系中的外星文明了。我記得他們在研

●左頁圖：約瑟琳‧貝爾—伯內爾是劍橋大學修伊斯研究團隊的一員，她於1967年發現第一個波霎星。

●左圖：英國喬德爾班克（Jodrell Bank）天文台的無線電望遠鏡。波霎是強大的無線電波來源，用這種大型天碟望遠鏡來尋找，會比可見光找尋更爲容易。

討會上發表研究結果時，稱前面四個電波源爲LGM1-4，LGM代表「小綠人」（Little Green Men）。不過，最後他們和大家一起接受了比較不浪漫的結論，這些後來稱爲「波霎」的物體，事實上是旋轉的中子星，發出的無線電脈衝是因爲其磁場與周圍物質發生複雜的交互作用。這對於寫太空牛仔故事的作者來說是壞消息，但是對於我們少數相信黑洞的人來說卻是希望，因爲這是首度

肯定中子星存在的證據。中子星的半徑約爲10哩，只比恆星會變成黑洞的臨界半徑大上幾倍而已。如果一個恆星能崩塌到這麼小的尺寸，可合理期待有恆星可以崩塌到更小的尺寸並變成黑洞。

但是，既然黑洞的定義是不會發出任何光線，又如何冀望能偵測到黑洞呢？這有點像是在煤窖裡尋找黑貓。幸運的是，這的確是可能之事。米歇爾在一七八三年那篇開創

圖6.10：旋轉的黑洞會造成強烈的重力場，拉扯伴星的物質，形成吸積盤，朝事件視界旋轉而入；龐大能量以X光射線的型態釋放，成為黑洞的一項特徵。

圖6.11：照片中央兩顆亮星中較亮的一個就是天鵝座
X-1，科學家認為這是由黑洞與一個正常的恆星組成的
雙星系統，它們彼此繞轉，如圖6.10。

圖6.12

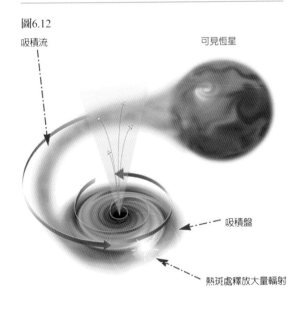

吸積流

可見恆星

吸積盤

熱斑處釋放大量輻射

先河的論文上指出，黑洞對於鄰近的物體仍會施加重力，天文學家觀察到許多有雙星互相繞轉的系統，彼此受重力吸引靠近。他們也觀察到其他系統，裡面只有一個可見恆星，繞轉著另一個看不見的伴星。我們當然不能逕自推論那個伴星就是黑洞，也有可能只是一個黯淡到看不清的恆星而已。不過，其中有些系統也是很強的X光射線來源，如天鵝座X-1（圖6.11）。這種現象的最佳解釋是可見恆星表面有物質被吹走，當這些氣體往看不見的伴星掉落時，會出現旋渦狀運動（很像浴缸出水口），且物質會變得極為炙熱而放射X光（圖6.12）。這個機制要得以運作，看不見的星體必須非常小，像是白矮星、中子星或黑洞。從可見恆星觀察到的軌道推斷，可決定看不見物體的最低可能質量，以天鵝座X-1的例子來說，不可見伴星約為太陽質量的六倍，超過錢氏上限，因此不可能是白矮星。這質量也大過中子星可能上限，因此必定是黑洞。

有些模型試圖不用黑洞來解釋天鵝座X-1的現象，但都不太成功，黑洞似乎是真正唯一合乎觀測的解釋。不過儘管如此，我還是跟加州理工學院的索恩教授打賭，說天鵝座X-1沒有黑洞。這算是一種保險，我對黑洞做了許多研究，如果最後證明黑洞並不存在，一切苦心豈不白費？倘若如此，我可以贏得安慰獎，免費收到四年的《偵探》（Private Eye）雜誌。實際上，雖然自從一九七五年我們打賭之後，天鵝座X-1的情況並無太大變化，但有越來越多的證據支持黑洞的存在，所以我承認賭輸了。我付的賭注是一年份的《閣樓》雜誌，讓索恩講求女性主義的太太氣個半死！

天文學家已在本銀河系和鄰近的兩個麥哲倫星雲中，找到好幾個類似天鵝座

X-1的黑洞系統。不過，黑洞的數目肯定會更高，因為在漫長的宇宙歷史中，許多恆星必定已經用盡所有核能燃料而發生崩塌。黑洞的數目甚至可能超過可見恆星的數目，而銀河系裡便有千億個可見恆星。大量的黑洞所提供的額外重力，說不定可以解釋現今銀河系的旋轉速度。我們已知道，只憑可見恆星的質量並不足以解釋觀測到的轉速。另外，也有證據指出在銀河系中央有一個巨大的黑洞存在，其質量約為太陽的數十萬倍。銀河系中太靠近該黑洞的恆星，會因遠近兩端的重力差異而遭到撕扯，其殘骸與從其他恆星吹出的氣體，會全部往黑洞掉落。就像天鵝座X-1，氣體會旋轉向內並發熱，只是情況不同處在於這裡的溫度不夠高，無法發出X光，形成的是銀

132

圖6.13：在星系中央的巨大黑洞會與吸入的物質旋渦共同創造巨大的磁場，讓高能粒子沿著黑洞轉軸集中噴發。

河中心所觀察到近於點狀的無線電與紅外線源。

　　科學家認爲，在魁霎中央有更大的黑洞，質量約爲太陽質量的一億倍。例如，哈伯望遠鏡觀測M87星系發現其中心含有個氣體盤，直徑約爲130光年，中間圍繞著一個質量約太陽廿億倍的物體運轉，這肯定是一個黑洞。它所釋放的巨大能量，只能以掉進這巨大黑洞的物質才能夠解釋。當物質掉入黑洞時，會使黑洞往相同方向旋轉，並像地球一樣發展出磁場。當物質掉入黑洞時，其

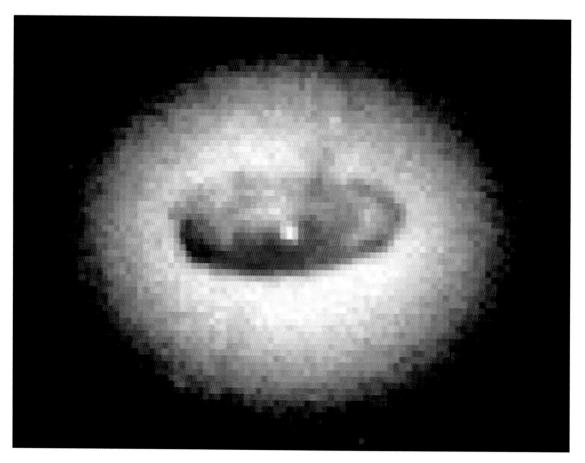

附近會產生高能粒子，強大的磁場會使粒子
集中，沿著黑洞轉軸朝南北極向外噴發，許
多星系和魁霎都可觀察到這類噴流。我們也
可以考慮質量比太陽小的黑洞是否存在，但

因爲質量小於錢氏上限，所以不可能是由重
力崩塌造成；質量這麼小的恆星，在燃料用
盡時仍可抗衡重力。唯有受到巨大外力而被
壓縮到相當緊密的狀態，才會形成低質量的

黑洞，巨大的氫彈爆炸便能提供這類情況，物理學家惠勒曾經計算過，如果用大海裡所有重水建造一顆氫彈，則它爆炸時物質在中心極度壓縮，可望創造出一個黑洞（當然，沒有人可以存活並見證一切）。除了這種方法外，質量輕的黑洞可能出現在早期宇宙高溫稠密的環境中，不過當時的宇宙不能完全均勻一致，必須有小塊區域的密度高於平均許多，才能壓縮成黑洞。不過，我們知道早期宇宙的確有些不規則存在，否則現在宇宙的物質還是會完全均勻分佈，無法看見恆星與星系的蹤影了。

　　這些最後形成恆星與星系的早期「不規則」，是否會促成顯著數量的原生黑洞出現，與早期宇宙中的詳細情況息息相關。所以，若是能確定現在有多少原生黑洞存在，便可以進一步了解宇宙最初的階段。若原生黑洞的質量超過十億噸（有如一座大山的質量），只能從對其他可見物質或宇宙擴張上的重力作用來偵測。不過，下一章便會談

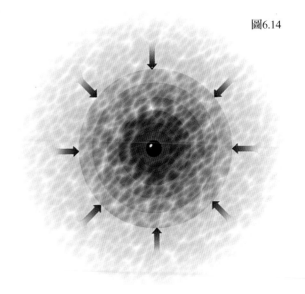

圖6.14

左頁圖：一九九六年一月由哈伯望遠鏡拍攝的NGC4261星系照片。NGC4261位於處女座，照片中有個塵埃與氣體構成的盤面，向一個巨大的黑洞旋轉。根據旋轉氣體的速度推估，中央的物體質量約為太陽的12億倍，但是直徑沒有比太陽系大太多。
圖6.14：由外在壓力而非內在壓力創造的原生黑洞。

到：黑洞其實一點也不黑。黑洞就像發熱的物體一樣會發光，且越小越亮。所以，矛盾的是越小的黑洞事實上可能比大的黑洞更容易偵測到呢！

7
黑洞並不黑

在一九七〇年以前，我對廣義相對論的
研究重點在於大霹靂奇異點的存在與
否。然而，那年十一月女兒露西剛出生不久
後，有一天我上床時開始想到黑洞。由於身
體不方便，整個上床的過程很緩慢，正好讓
我有足夠的時間思考。當時，時空中哪個點
在黑洞之內、哪個點在黑洞之外，尚未有明
確的定義。那時我已和潘若斯討論過，指出
可以將黑洞定義成無法逃脫到遠距離的事件
集合，現在這個定義也已廣為接受。這代表
黑洞的邊界即事件視界，是由無法逃脫黑洞

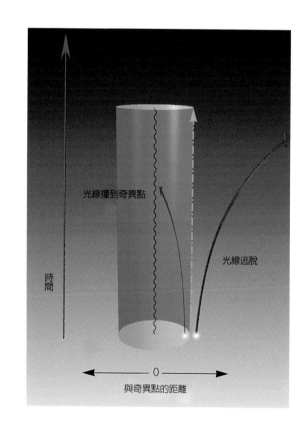

圖7.1：黑洞的事件視界或邊界，是由無法從黑洞逃脫
的光線組成。

的光線形成，永遠停留在邊緣（圖7.1），有點像是想逃警察，但永遠只在警察前面一步，無法徹底擺脫。

突然，我明白這些光線的路徑永遠不會互相靠近，如果會靠近的話，最後一定會發生碰撞。像是在被警察追查時，迎面撞上另一個也在逃的人，最後你們兩個人都被逮到，或者以黑洞的情況來說，便是兩個人通通掉進黑洞裡！但如果這些光線被黑洞吞噬，那也不可能成為黑洞的邊界。所以事件視界上光線的路徑永遠會平行或是分開來。另一種方式是將事件視界看成是陰影邊緣（這個陰影是大難臨頭的陰影），若是觀察遠方一個光源（太陽）所造成的陰影，將會看到邊緣的光線不會接近彼此。

如果形成事件視界的光線永遠不會接近彼此，那麼事件視界面積可能會保持一樣大小或隨著時間增加，但是絕不會減少，否則就代表邊界有些光線會彼此接近。事實上，不管何時有物質或輻射掉進黑洞裡，整個區

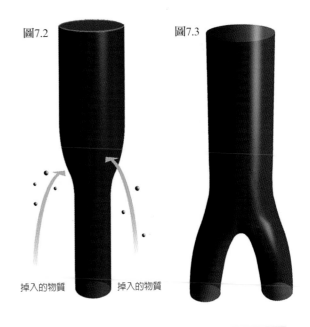

圖7.2：當物質掉落黑洞裡時，事件視界面積會增加。
圖7.3：當兩個黑洞相撞時，創造的事件視界面積會大於或等於原先兩個面積的總和。

域就會增加（圖7.2）。或者，當兩個黑洞相撞並合併成為一個黑洞時，新形成的事件視界面積將會大於或等於原先兩個黑洞的事件視界面積之總和（圖7.3）。事件視界面積具有這種不會減小的特質，對於黑洞的行

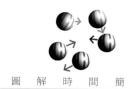

為會產生重要的限制。這項發現讓我當晚興奮難眠，第二天馬上打電話給潘若斯，他同意我的看法，事實上我認為他早就注意到這項特性，不過他使用的黑洞定義稍有不同。只是潘若斯當時不知道，只要黑洞已經穩定下來不再變化，這兩項定義的黑洞邊界會完全相同，其面積也會一樣。

黑洞表面積不會變小的現象，讓人聯想起「熵」（entropy），這是衡量系統混亂程度的物理量。大家都知道，若是放手不管

的話，事物通常會變得更混亂，例如不修理房屋，任憑掉漆老舊。我們也可以從混亂中創造秩序，例如粉刷房屋，但是需要花費力氣或能量，亦即消耗減少有序能（ordered energy）。

準確來說，這個概念稱為熱力學第二定律，指孤立系統的熵會一直增加，當兩個系統結合時，合併系統的熵會大於原先個別系統的熵總和。例如，想像有一個充滿氣體分子的箱子為系統，可以將氣體分子想成是小小的撞球，彼此不停碰撞，也會從箱子內面反彈。當氣體溫度越高，分子運動速度越快，也會更頻繁、更用力地與箱面碰撞，對箱面施加的向外壓力也越大。假設剛開始氣體分子被隔板限制在箱子左邊（圖7.4），接著將隔板拿開，氣體分子會分散在箱子左右兩邊（圖7.5）。雖然氣體分子偶然可能

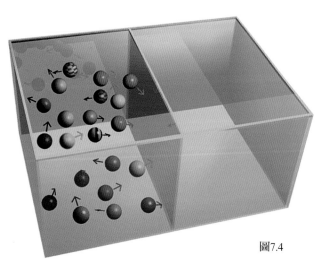

圖7.4

圖7.4：箱子裡充滿氣體分子，但是被一片隔板全部限制在箱子左邊。

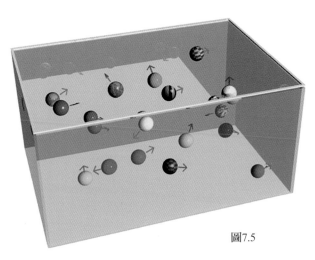

圖7.5

會全部在箱子右邊，或全部又回到箱子左邊，但是最可能的還是兩邊數目約略相等。這種狀態比氣體分子全在一邊的情況更沒有秩序，或是說比較混亂，可以說氣體的熵增加了。同樣地，假設開始時有兩個箱子，一個裝氧氣分子，另一個裝氮氣分子。若是將

兩個箱子合併並移除分隔，氧氣和氮氣分子會開始混合。到後來，最可能的狀態是氧氣和氮氣分子均勻散佈在兩個箱子間。這種狀態比較沒有秩序，因此比原先兩個獨立箱子的熵更高。

熱力學第二定律與其他科學法則（如牛頓重力法則）的情況極為不同，因為第二定律並非隨時嚴謹為真，只是在大部份情況成

圖7.6

圖7.5：將隔板拿開，氣體分子會散佈到整個箱子裡，使整個狀態的亂度變大。

圖7.6：一個裝滿氣體的箱子掉進黑洞裡，黑洞外面的總熵值會減少，但宇宙中的總熵（包括黑洞裡面）會保持一定。

立。在第一個箱子中，氣體分子後來全部都在左邊或右邊的機率約爲數兆分之一，但還是可能會發生。然而，如果我們附近有一個黑洞的話，似乎很容易便可違反第二定律，因爲只要將熵值很高的物質（如一箱氣體），丟進黑洞裡，那麼黑洞外面的熵值便會下降（圖7.6）。當然，可以說全宇宙包括黑洞裡的總熵值並未減少，但是既然沒有辦法看到黑洞裡面，便無法得知黑洞裡面的物質到底有多少熵值。如果黑洞具有某種特徵，讓外面的觀察者可以知道裡面的熵值，尤其是當帶著熵的物質掉進黑洞時，該特徵會更加明顯的話，那不就拯救了熱力學第二定律，一切不就都沒問題了嗎？就在發現物質掉進黑洞時事件視界面積會增加後，普林斯頓大學的研究生貝肯斯坦（Jacob Bekenstein）提出建議，以事件視界面積的大小來衡量黑洞的熵值。當帶著熵的物質掉進黑洞時，事件視界面積會增加，所以黑洞外面物質的熵值與事件視界面積的熵值總和

Commun. math. Phys. 31,161,170 (1973)
© by Springer-Verlag 1973

The Four Laws of Black Hole Mechanics

J.M. Bardeen*

Department of Physics, Yale University, New Haven, Connecticut, USA

B. Carter and S. Hawking

Institute of Astronomy, University of Cambridge, England

Received January 24, 1973

Abstract. Expressions are derived for the mass of a stationary axisymmetric solution of the Einstein equations containing a black hole surrounded by matter and for the difference in mass between two neighboring such solutions. Two of the quantities which appear in these expressions, namely the area A of the event horizon and the "surface gravity" x of the black hole have a close analogy with entropy and temperature respectively. This analogy suggests the formulation of the four laws of black hole mechanics which correspond to and in some ways transcend the four laws of thermodynamics.

「黑洞力學四則定律」論文的首頁，寫於1972年。

永遠不會減少。

　　這項主張似乎使熱力學第二定律在大多數情況下恢復成立，但卻有一個致命的缺失。如果黑洞有熵值，那麼黑洞應該也會有溫度，而帶有特定溫度的物體一定會以某個速率進行輻射，例如大家都知道若將攪火棒

留在火爐裡，攪火棒將發熱發紅；不過，低溫的物體也會輻射，我們平常不會注意到，因為放射量非常低微。需要有輻射，才不會違反第二定律，所以黑洞應該會輻射才對，但黑洞的基本定義正是不會輻射啊！因此，看起來黑洞的事件視界面積不能等同視為熵值。一九七二年我與卡特及美國同事巴丁（Jim Bardeen）共同發表一篇論文，指出雖然事件視界面積與熵具有許多相似之處，但要將兩者劃上等號，卻有這點致命傷。我得承認寫這篇論文部分是因為對於貝肯斯坦有些不高興，覺得他誤用我對事件視界面積增加的發現。不過，到最後他基本上是正確的，只是與原先預期的方式不同。

一九七三年九月我訪問莫斯科，與兩位優秀的蘇聯專家哲多維奇（Yakov Zeldovich）和史塔洛賓斯基（Alexander Starobinsky）討論黑洞。他們根據量子力學的測不準原理，試圖說服我旋轉的黑洞應該會創造並輻射粒子。從物理上來說，我相信

這個論點，但是不喜歡他們計算輻射的數學方法，因此想設計出一個更好的數學方法，最後在一九七三年十一月底於牛津大學一場非正式的研討會首度提出。那時候我還沒有計算過到底會輻射多少粒子，不過預期會跟兩位俄國科學家對旋轉黑洞的預測相同。不過計算後讓我大為震驚，因為即使不會旋轉的黑洞，照樣會創造並以一定的速率輻射粒子。起初，我以為是自己引進的某個近似出錯了，另一方面也擔心若貝肯斯坦發現這點，恐怕會引用支持他對於黑洞熵的想法，但我仍然不喜歡黑洞有熵的說法。然而，我越想越明白引入的近似並未出錯，最後讓我終於接受黑洞輻射的想法，是因為放射粒子的光譜與熱物體輻射完全相同，而且黑洞輻射粒子的速率也正好是避免違反第二定律的正確速率。之後，許多人紛紛以不同的形式重複計算，大家都確認黑洞應該會放射粒子與進行輻射，情形如同有溫度的熱物體，而溫度只與黑洞的質量相關：當質量越大，則

溫度越低。

　　既然我們知道沒有東西可以從黑洞的事件視界脫逃，為什麼黑洞會輻射粒子呢？量子理論告訴我們，答案在於粒子不是來自黑洞的內部，是從事件視界旁邊的「空」間而來。我們可以用下面的方式理解：所謂的「空」間不可能完全空無一物，否則所有力場包括重力場和電磁場，都會完全是零。不過，力場強度與其變化速度有如粒子的位置和速度一樣，依照測不準原理，對於某個值了解越多，對另一個值便越無法精確掌握。因此，在「眞空」中，力場不可能完完全全維持在零點，否則便會同時具有精確的值（零），以及精確的變化速率（也是零），會違反測不準原理。所以，力場的強度一定會有某個最小的不確定性或量子起伏存在，我們可以將這些起伏想成是光子或重力的粒子對，它們在某個時刻一起出現、分開，然後又回來消滅彼此（圖7.7）。這些粒子是虛粒子，像是攜帶太陽重力的粒子，不是實

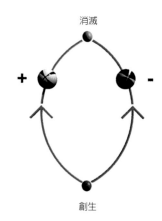

圖7.7

圖7.7：「空」間中充滿虛粒子與反粒子對，它們一起創生、分開，又回來消滅彼此。

圖7.8：在黑洞附近，虛粒子可能會掉進黑洞變成實粒子，而另一個粒子可能從黑洞附近逃脫。

粒子，無法由粒子偵測器直接觀測到。然而，可以測量到這些粒子的間接效應（如電子環繞原子的能量細微變化），與理論預測也精準吻合。另外，測不準原理也預測物質粒子具有相似的虛粒子對，如電子和夸克，不過這類粒子對中有一個是粒子，另一個是反粒子（光和重力的反粒子與粒子相同）。

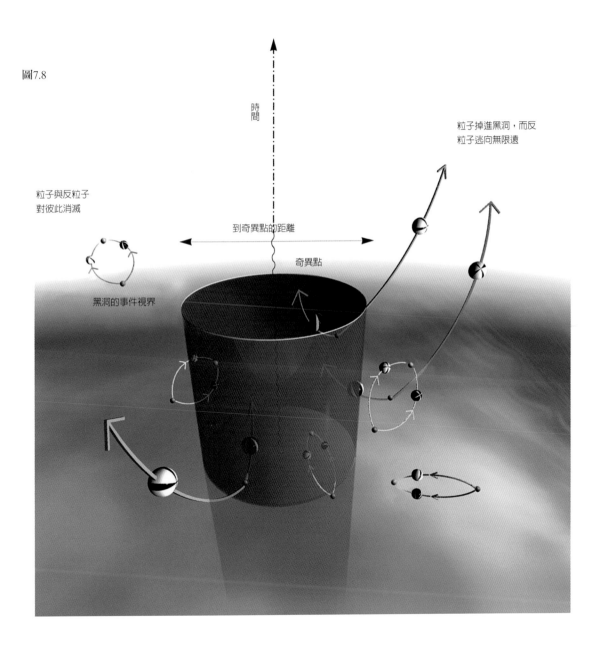

圖7.8

時間

到奇異點的距離

奇異點

粒子與反粒子
對彼此消滅

黑洞的事件視界

粒子掉進黑洞，而反
粒子逃向無限遠

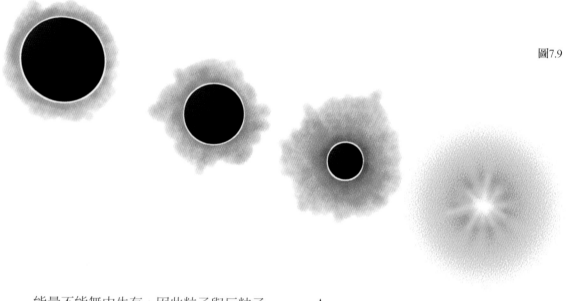

圖7.9

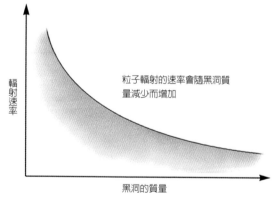

粒子輻射的速率會隨黑洞質
量減少而增加

輻射速率

黑洞的質量

　　能量不能無中生有，因此粒子與反粒子
對當中，有一個粒子是帶正能量，另一個粒
子是帶負能量。帶有負能量的粒子注定是短
命的虛粒子，因為在正常情況下實粒子一定
帶有正能量。因此負能量粒子要尋找夥伴，
盡快同歸於盡、互相消滅。然而，當實粒子
接近巨大的物體時，會比在遠方時能量還
低，因為必須要耗費能量，才能遠離物體。
正常來說，粒子的能量仍然為正值，但是黑
洞裡面的重力場如此強烈，即使實粒子也可
能帶有負能量。因此，若是附近有黑洞的

圖7.9：黑洞會輻射，所以會失去能量與質量；當黑洞
越小時，喪失能量與質量的速度會越快。科學家認
為，最後黑洞會在巨大的爆炸中完全消失。

話，帶負能量的虛粒子可能會掉進黑洞，變成實粒子或反粒子。在這個情形下，它不再需要與夥伴互相消滅，那個被拋棄的夥伴可能也會掉入黑洞，或者帶著正能量以實粒子或反粒子的形式從黑洞附近逃脫（圖7.8）。對於遠處的觀察者來說，看起來會像是粒子從黑洞射出，而當黑洞越小時，帶負能量的粒子只需越過更短的距離便能成為實粒子，所以輻射速率越快，黑洞的視溫度也越高。

向外輻射的正能量，會被流入黑洞的負能量粒子所平衡。在愛因斯坦的方程式$E=mc^2$中（E是能量，m是質量，c是光速），能量與質量成正比，當負能量進入黑洞時會減少其質量，當黑洞減少能量時，其事件視界面積會變小，但是黑洞裡熵的減少量比被輻射帶走的熵還小，所以第二定律仍然成立。

再者，黑洞的質量越小，其溫度越高。所以當黑洞的質量減少時，其溫度與輻射速度會增加，所以流失質量會更快速（圖7.9）。當最後黑洞的質量變得極小時，到底會發生什麼事情，現在還不是很清楚，但最合理的猜測是黑洞最後會爆發巨大輻射，相當於數百萬顆氫彈的爆炸，然後完全消失。

若黑洞的質量只是太陽的幾倍大，那麼溫度只有絕對溫度千萬分之一度而已，比充滿宇宙間的微波輻射（絕對溫度2.7度）更低，所以黑洞的輻射量會低於吸收量。如果宇宙注定會一直擴張下去，那麼最終微波輻射的溫度會低於這類黑洞溫度，使得黑洞開始失去質量。但是儘管如此，由於黑洞溫度太低了，需要10^{66}年才會完全蒸發，比起宇宙一、兩百億年的年齡還久很多。但是另一方面，第六章曾提過，或許在宇宙初生之際有一些質量不規則發生崩塌，造成質量極小的黑洞。這類黑洞的溫度比較高，所以輻射速度也更快。若原生黑洞的初始質量為十億噸，則其生命期約等於宇宙的年齡；若原生

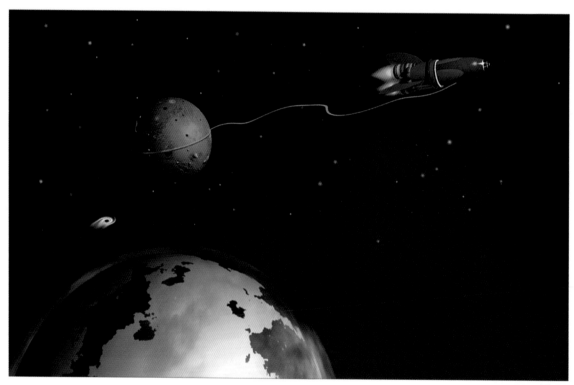

圖7.10

黑洞的初始質量低於這個數字，那麼現在早已經完全蒸發了；但若原生黑洞的初始質量稍微高出這個數字，現在仍然以X光射線與伽瑪射線的形式發出輻射（X光射線與伽瑪射線就像是光波，但是波長更短）。這類黑洞很難稱之為「黑」，因為實際上它發散白熱光，以百億瓦特的功率放射能量。

如果能夠加以駕馭的話，這種黑洞相當於十座發電廠，可惜難如登天。因為這種黑洞的質量有如一座山，卻壓縮到不到兆分之

146

一吋，約是原子核的大小而已。若是地球表面出現這種黑洞，將沒有辦法阻止它穿越地面往地心掉落，來回振盪到在地心停住為止。所以唯一能利用這種黑洞輻射能量的方式，是讓它環繞地球運轉，而唯一能把它引到軌道上的方法，是在前面放一個質量巨大的東西吸引它，就像用胡蘿蔔在前面吸引驢子一樣（圖7.10）。只不過，這個提案目前可謂非常不切實際。

　　但即便無法駕馭原生黑洞的輻射能，那麼觀測到的機率有多大呢？原則上我們可以觀測原生黑洞一生中持續放射出來的伽瑪射線，雖然大多數輻射因距離遙遠而相當微弱，但是全部加來還是有可能觀察得到。事實上，我們的確觀察到伽瑪射線背景，圖7.11顯示不同頻率（每秒波數）觀察到的不同輻射強度。不過，這類背景有可能是由其他作用產生，不一定是由黑洞造成。圖7.11的虛線代表若每立方光年平均有300個原生黑洞的情況下，輻射強度與伽瑪射線頻率的

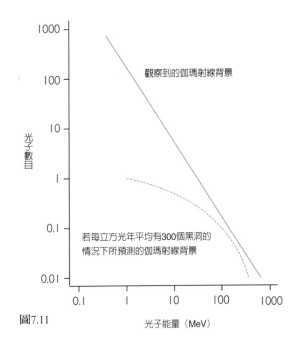

觀察到的伽瑪射線背景

光子數目

若每立方光年平均有300個黑洞的情況下所預測的伽瑪射線背景

圖7.11　　　　　　　　　　　光子能量（MeV）

關係。因此，可以說觀察到的伽瑪射線背景並不能對原生黑洞的存在提出正面的證據，但是確實告訴我們平均每立方光年不可能超過300個原生黑洞，意味著原生黑洞最多僅佔宇宙物質總質量的百萬分之一而已。

　　由於原生黑洞的數目如此稀少，看起來極不可能在我們附近就找到一個獨立的伽瑪

譯註③：本書出版至今已有許多證據指出伽瑪射線爆發是位於非常遙遠的宇宙，也就是原生黑洞的解釋已經完全被排除。

射線源。但是因爲原生黑洞會受到物質的重力吸引，應該在星系裡面與周圍更爲常見，所以雖然伽瑪射線背景顯示全宇宙中平均每立方光年不可能超過300個原生黑洞，卻沒有指出原生黑洞在我們銀河系中的密度爲何。假設是上面所說的一百萬倍，那麼離我們最近的黑洞可能相距大約十億公里，也就是現在知道最遠的行星冥王星之處。在這個距離下，縱使強度爲百億瓦特，還是很難偵測到黑洞穩定的輻射。要觀測原生黑洞時，必須在合理的一段時間內（如一週左右），偵測來自相同方向的數個伽瑪射線量子，否則可能只是背景而已。不過，根據普朗克的量子原理，每個伽瑪射線量子都擁有極高的能量，因爲伽瑪射線具有極高的頻率，所以縱使要發射百億瓦特的能量，也不需要太多伽瑪量子。要觀察遠自冥王星而來的少數伽瑪量子，需要大型的伽瑪射線偵測器，超過今日建造的任何偵測器。再者，偵測器必須設置在太空，因爲伽瑪射線無法穿越大氣層。

當然，如果冥王星附近的一個黑洞接近生命終曲，將以爆炸做爲結束的話，偵測器會比較容易觀測到。然而，既然黑洞已經輻射一、兩百億年，希望它近幾年就到達生命盡頭的機率，會比過去或未來幾百萬年發生的機率小太多了！所以，爲了在花光研究經費之前，能有不錯的機率可以看到原生黑洞爆炸，必須想辦法偵測一光年的範圍之內是否有爆炸發生。事實上，原本設計來監測有無違反「禁止核試條約」的人造衛星，已經偵測到來自太空的伽瑪射線噴發。這些噴發大約每月發生十六次，且均勻分佈在空中每個方向，這代表它們應該是來自於太陽系之外，否則應會集中在行星軌道面。從均勻分佈也可看出，這些來源若不是在銀河系中非常接近我們的地方，便是離銀河系非常遙遠的地方③，否則同樣會發現它們集中在銀河系盤面上。若是第二種情況，所需要的爆炸能量太高，不可能是由極小的黑洞造成；但

霍金教授攝於劍橋大學，當時他正在撰寫第一版的《時間簡史》。

階段帶來重要的訊息。如果早期宇宙一片混沌或不規則，或是物質的壓力太小，則會製造許多的原生黑洞，超過現今伽瑪射線觀測所設下的上限。唯有當早期宇宙極為平滑一致並具備強大的壓力下，才能解釋原生黑洞為何不具可觀的數量。

如果來源夠近的話，有可能是正在爆炸當中的黑洞。果真如此，我當然很高興，但是我得承認，對於伽瑪射線爆發還有其他的解釋，例如中子星對撞。希望未來幾年，特別是LIGO等重力波偵測器進行的新觀測，能夠幫忙找到伽瑪射線噴發的真正來源。

雖然現在看起來找尋原生黑洞可能會一無所獲，但是此類研究仍然可為宇宙極早期

黑洞輻射的概念是首度結合廿世紀兩大理論廣義相對論和量子力學所得的預測，一開始掀起強大的反彈，因為動搖了既有的觀點。人們問道：「黑洞怎麼可能會輻射呢？」當我第一次在牛津大學附近的拉塞福─愛波頓實驗室發表計算結果時，大家的態度都是不可置信。在我演講結束時，來自國王學院的主持人泰勒（John G. Taylor）批

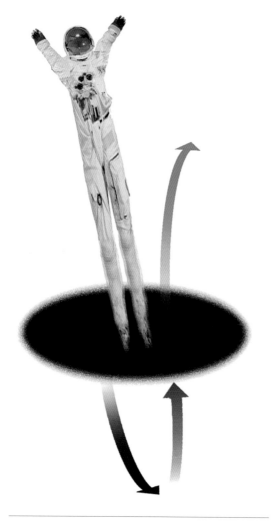

圖7.12：掉入黑洞的太空人，最終會以粒子的形式被回收，隨著黑洞蒸發而輻射出來。

評那完全是胡扯，後來還追加一篇論文，基本上也是說我胡扯。但是到最後，大多數人（包括泰勒）都同意，若我們對於廣義相對論和其他量子力學的想法都正確的話，那麼黑洞一定會像熱物體一樣發出輻射。因此，縱使我們沒有辦法找到原生黑洞，但是大家普遍都同意若是找到的話，它一定會放射大量伽瑪射線和X光射線。

黑洞輻射的存在，暗示重力崩塌並非如原先所想是不可逆的最終過程，因此若是有太空人掉進黑洞後，黑洞的質量將會增加，最後等同於多出質量的能量，將會以輻射的形式回到宇宙（圖7.12），等於說太空人被「回收」了。然而，這是一種很可憐的「不朽」，因為太空人個人對時間的任何概念，都在黑洞裡被撕扯的那刻結束了。縱使最終從黑洞裡釋放出來的粒子，也和組成太空人的粒子不同，太空人唯一遺留下來的特徵，將是其質量或能量了。

我用來推導黑洞輻射的近似方法，在黑

洞的質量大於幾分之一公克就可以適用，然
而在黑洞接近生命盡頭、質量變得極小之
際，就不管用了。最可能的結果似乎是黑洞
會消失（至少從我們的宇宙），把太空人和
任何的奇異點抹去。這是第一次顯示，量子
力學可能將廣義相對論預測的奇異點移除，
然而我和其他人在一九七四年用的理論，無
法回答在量子重力下是否有奇異點等問題。
於是從一九七五年開始，我利用費曼的歷史
總和論來發展更完整的處理方法。接下來兩
章，將談到這個新方法對於宇宙與其中萬物
（如太空人）起源與命運的看法，我們也會
看到雖然測不準原理對於所有預測的精準性
都設下限制，然而也可能同時除去發生在時
空奇異點上的根本不可預測性。

8
宇宙的起源與命運

愛因斯坦的廣義相對論預測時空本身從大霹靂奇異點開始，最後會以大崩塌奇異點結束（如果整個宇宙再崩塌）。時空也有可能在黑洞裡的奇異點結束（如果是局部區域如恆星發生崩塌），任何掉進洞裡的物質會在奇異點被摧毀，只有物質質量的效應才會繼續被外面感受到。反之，一旦考慮到量子效應時，物質的質量或能量似乎最終都會回到宇宙裡，而黑洞與裡面的奇異點將蒸發消失。那麼，量子力學對於大霹靂奇異點與大崩塌奇異點，都具有相同的強烈作用嗎？在宇宙非常早期與末期的階段中，若重力場強大到無法忽略量子效應，究竟會發生什麼事呢？宇宙到底有無開始或結束呢？若

1981年霍金與教宗保羅會面。

是有的話，是何等光景呢？

　　一九七○年代期間我主要都在研究黑洞，但是一九八一年我去梵蒂岡參加耶穌會舉辦的一場宇宙學會議時，又重新點燃對於宇宙起源與命運等問題的興趣。天主教曾經對伽利略犯下大錯，試圖控制科學問題，宣稱太陽繞轉地球，現在經過幾百年後，他們反倒決定要邀請一些專家提出宇宙學的建議。會議最後由教宗親臨致詞，他表示可以研究宇宙在大霹靂後的演進，但是不應該探索大霹靂本身，因為那正是創生之刻，是上帝的成果。我很高興教宗不知道我剛才在會議上發表的演講題目，我談到時間有限且無邊界的可能性，亦即宇宙沒有開始，沒有創生之刻！我可不想和伽利略遭受同樣的命運，我對他有強烈的認同感，部分原因是我剛好在他逝世三百週年出生的巧合。

　　為了說明我和其他人對於量子力學如何影響宇宙起源與命運的看法，有必要先了解一般廣為接受的宇宙史，稱為「熱霹靂模

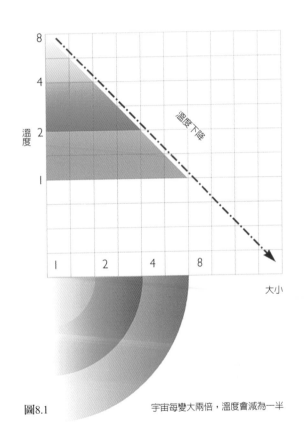

圖8.1　　　　　　　　宇宙每變大兩倍，溫度會減為一半

型」（見圖8.2），這是利用費列德曼模型從大霹靂開始描述宇宙。在這個模型中，可發現隨著宇宙擴張，裡面的物質或輻射會變

1954年在比基尼島進行的核彈測試。在原子彈爆炸的核心，人類可以創造出高達百億的溫度，相當於大霹靂之後一秒宇宙的溫度。

冷：當宇宙變大兩倍，溫度會減半（見圖 8.1）。既然溫度就是粒子平均能量（或速度）的衡量方法，宇宙的冷卻對於物質具有重大的效應。在溫度極高的時候，粒子移動非常快速，得以脫離核力或電磁力的束縛，但是當冷卻下來的時候，原本互相吸引的粒子會凝聚結合。另外，宇宙中存在哪些類型的粒子，也與溫度有關係，當溫度夠高的時候，粒子具備很強的能量，無論何時發生碰

撞，都會製造出許多粒子與反粒子對；雖然粒子會與反粒子發生碰撞互相消滅，但是生成速度卻高於消滅速度。相較上，在低溫時相撞的粒子擁有較低的能量，所以粒子與反粒子製造的速度比較慢，使得消滅的粒子會比製造的粒子更多。

在大霹靂的一瞬間，宇宙大小為零，所以會有無限大的高溫。但是隨著宇宙擴張，輻射的溫度會減少。在大霹靂一秒之後，溫度會下降到一百億度，大約是太陽中心溫度的一千倍，也是氫彈爆炸時達到的溫度。在這個時候，宇宙最主要包含光子、電子和微中子（極輕的粒子，只受弱作用力與重力影響），以及這些粒子的反粒子，另外還有一些質子和中子。隨著宇宙繼續擴張與溫度持續下降，粒子與反粒子對在碰撞中創造的速度，會低於兩者互相破壞消滅的速度，所以大部分電子和反電子會彼此消滅，創造更多光子，只留下一些電子。然而，微中子和反微中子不會彼此消滅，因為這些粒子與自身

在這張合成圖中，加墨從裝有大霹靂原始材料的瓶子中冒出來，他和左邊的阿爾法共同提出宇宙早期始於極為高熱的階段。

及其他粒子的交互作用都極為微弱，所以至今應該還存在。若是我們能夠觀察得到，便可以對早期宇宙是否處於極熱狀態的觀點，做一個很好的測試。遺憾的是，現今它們的能量太低了，讓我們無法直接觀測。不過，如果微中子並非沒有質量，而是像最近實驗發現其實可能具有一丁點質量的話，我們或

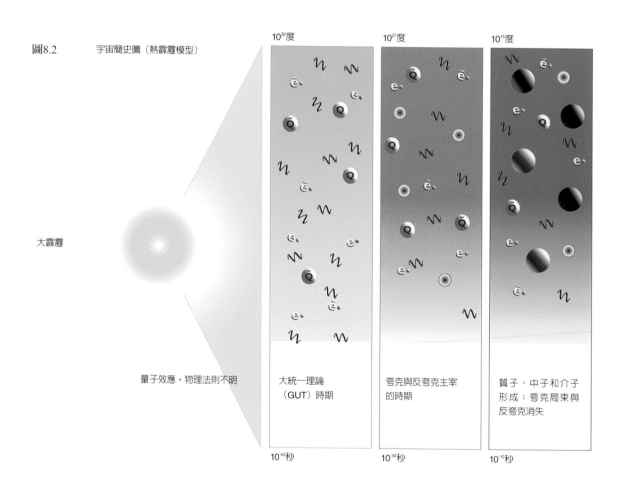

圖8.2　　　宇宙簡史圖（熱霹靂模型）

大霹靂

10^{32}度　　　　　10^{27}度　　　　　10^{15}度

量子效應，物理法則不明　　　大統一理論　　　夸克與反夸克主宰　　　質子、中子和介子
　　　　　　　　　　　　　　（GUT）時期　　　的時期　　　　　　　形成；夸克局束與
　　　　　　　　　　　　　　　　　　　　　　　　　　　　　　　　反夸克消失

10^{-43}秒　　　　　10^{-34}秒　　　　　10^{-10}秒

許可以用間接的方式進行偵測，因為它們可能是以「暗物質」的形式存在。前面提到，如果暗物質具有足夠的重力引力，可以阻止宇宙擴張，並讓宇宙再度崩塌。

大約在大霹靂一百秒之後，溫度會降至十億度，相當於最熱恆星內部的溫度。在這個溫度下，質子和中子不再具有足夠的能量逃離強核力的引力，於是會開始結合形成氘

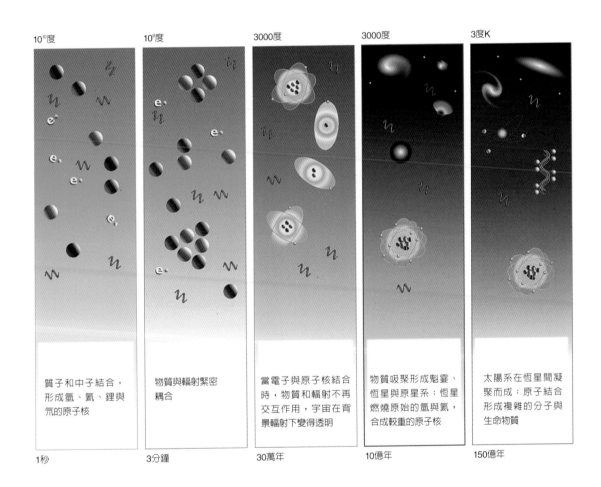

10^{10}度	10^9度	3000度	3000度	3度K
質子和中子結合，形成氫、氦、鋰與鈹的原子核	物質與輻射緊密耦合	當電子與原子核結合時，物質和輻射不再交互作用，宇宙在背景輻射下變得透明	物質吸聚形成魁霙、恆星與原星系；恆星燃燒原始的氫與氦，合成較重的原子核	太陽系在恆星間凝聚而成；原子結合形成複雜的分子與生命物質
1秒	3分鐘	30萬年	10億年	150億年

（重氫）的原子核，由一個質子和一個中子組成。氘核接著會與更多質子和中子合成氦核，氦含有兩個質子和兩個中子，以及少量的鋰與鈹等較重的元素。從熱霹靂模型中，可以計算出約有四分之一的質子和中子會變成氦核，以及少量的重氫和其他元素。剩餘的中子會衰變成質子，成為一般的氫原子核。

這幅宇宙早期處高熱狀態首的圖像由科學家加墨（George Gamow）與學生阿爾法（Ralph Alpher）在一九四八年一篇著名的論文中提出。當時，幽默感獨具的加墨還試圖說服另一名核子科學家貝特（Hans Bethe）也加入，讓論文的作者順序變成「阿爾法、貝特、加墨」，聽起來正像希臘文的前三個字母「阿爾法、貝他、伽瑪」，對於探討宇宙開端的論文再適合不過了！在這篇論文中，他們做出驚人的預測，指從宇宙早期極高溫階段發出的輻射（以光子的形式）現今應該還存在，但溫度降到比絕對零度（攝氏-237度）高幾度而已，這種輻射在一九六五年由潘佳斯與威爾森兩人發現了。在加墨等三人寫論文的時候，對於質子和中

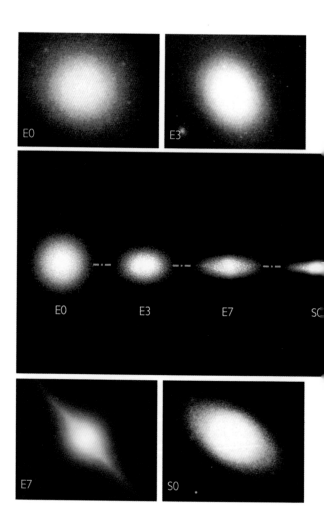

圖8.3：哈伯和赫馬森（Milton Humason）在1936年提出的星系分類修訂。左邊的E0、E3、E7與S0，是四個未具明顯特徵的非旋轉橢圓星系；右上Sa、Sb與Sc為螺旋星系，右下SBa、SBb與SBc為棒旋星系。每種星系又分為a、b、c三類，代表隨著星系旋臂越來越開放，核心區越來越小。

子核反應的了解並不多，所以對早期宇宙中各種元素比例的預測未盡正確，但是在進一步的研究與重複計算之下，都已相當吻合觀測的結果。此外，也很難找到其他方式可以

解釋為何宇宙中有這麼多的氦存在，所以我們對這幅宇宙圖像的正確性相當有信心，至少在大霹靂一秒之後。

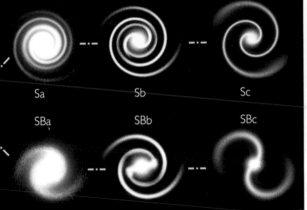

在大霹靂幾個小時之內，氦等元素停止生成。接下來一百萬年左右，宇宙繼續保持擴

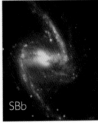

張，此外沒有太大變動。最後當溫度下降到幾千度的時候，電子和原子核不再有足夠的能量克服之間的電磁力吸引，於是開始結合成原子。整個宇宙會繼續擴張與冷卻，但有些區域的密度會稍微高於平均，多出來的重力吸引會使擴張減緩，最後讓這些高密度區域停止擴張，並開始再度崩塌。在這些區域

發生崩縮的時候，外面物質的重力拉扯讓這
些區域開始稍微旋轉，隨著崩縮的區域縮
小，會旋轉得更快，就像溜冰選手將手臂縮
回時會旋轉得更快一般。最後，當區域變得
夠小時，旋轉的速度會快到足以抗衡重力引
力，於是，碟形旋轉星系就誕生了（圖
8.3）。其他沒有旋轉的區域會變成橢圓球
狀，稱為橢圓星系。在這種星系中物質也會
停止塌縮，因為星系的各個部份會穩定繞轉
中央，雖然星系不會整個旋轉。

隨著時間，星系中的氫氣與氦氣會分散
成較小的氣雲，最後在自身的重力下崩塌。
在發生塌縮的時候，原子會彼此碰撞，讓氣
體的溫度上升，直到最後溫度高到開始核融
合反應。這種反應會將氫變成氦，釋放的熱
會使壓力增加，使得氣雲不再收縮。接下
來，會以恆星的狀態（如太陽）保持長期的
穩定，燃燒氫變成氦，產生的能量以光和熱
的形態輻射出去。越重的恆星需要更高的溫
度，才能平衡自身強大的重力吸引，所以核

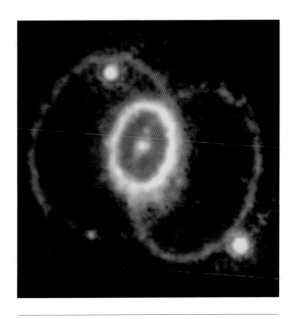

左頁圖：在老鷹星雲中，從塵埃與氣體雲裡面誕生出
新恆星。
上圖：超新星1987a的餘燼。爆炸之後的物質形成擴張
的甜甜圈，中間一點為一顆新的中子星。這兩張照片
都是由哈伯望遠鏡拍攝取得，左頁嵌圖是在軌道中進
行維修的哈伯望遠鏡。

融合反應會進行得更快，可能不到一億年的
時間就用光氫氣了。接下來會稍微收縮，使
得核心溫度進一步升高，讓氦氣轉變成更重
的碳或氧等元素。這個過程不會釋放太多能

量,於是造成一個危機,上一章講黑洞時談過。接下來會發生什麼事情,並不十分清楚,可能是恆星的中心區域崩塌成密度極高的狀態,例如中子星或黑洞。恆星的外圍有時候可能會發生巨大的爆炸,形成比整個星系的恆星總和還亮的超新星。在恆星生命盡頭,有些生成的較重元素會變成氣體,被拋回到星系裡面成為下一代恆星的材料。我們的太陽擁有2%較重的元素,因為太陽是第二代或第三代的恆星,約在五十億年前由一團旋轉氣雲形成,裡面含有之前殘餘的超新星物質。氣雲裡面大部分的氣體形成太陽或散開,但少量較重的元素凝聚形成物體,變成現在環繞太陽的行星(如地球)。

一開始地球非常熱,而且沒有大氣。隨著時間發展,地球冷卻下來,岩石中釋放的氣體成為大氣。早期的大氣不是人類能夠生存的環境,因為沒有氧氣,而是含有許多有毒的氣體如硫化氫(蛋臭掉的味道就是由這種氣體造成),但是有許多原始型態的生物可以在這種條件下繁衍。科學家認為這些生物從海洋中發展出來,可能是因為原子隨機合成巨分子(macromolecules),這種大型結構能夠將海洋中其他原子組合成相似的結構。因此,巨分子可以自我複製與繁衍,但有時在複製的過程中會出錯,大部分錯誤讓新的巨分子無法再行自我複製,最後便毀壞了。然而,有些錯誤會製造出新一代複製能力更佳的巨分子,因此獲得了優勢,容易取代原有的巨分子。在這種方式下,演化過程開始了,發展出具有自我複製能力又越來越複雜的有機體。最初的原始生命型態會吸取包括硫化氫在內的各種物質,並排放氧氣,逐漸改變大氣的成份,最後形成今日的大氣層,並允許高階的生命型態出現,例如魚類、爬蟲類、哺乳類,以及最後的人類。

這幅宇宙從高溫開始並擴張冷卻的圖像,與今日所有觀察證據都吻合。然而,卻有許多問題尚未解決(圖8.4):

(1)為何早期宇宙如此高溫?

圖8.4

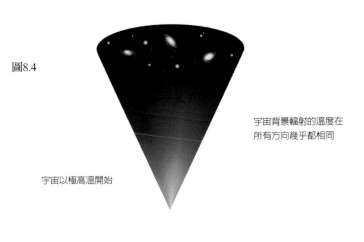

宇宙背景輻射的溫度在
所有方向幾乎都相同

宇宙以極高溫開始

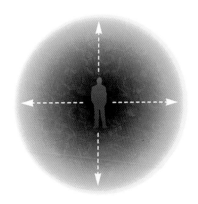

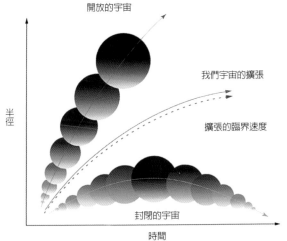

開放的宇宙

我們宇宙的擴張

擴張的臨界速度

半徑

封閉的宇宙

時間

宇宙密度的微小起伏造成星系與恆星

（2）為何宇宙在大尺度上如此均勻？為何宇宙在空間中各點與各方向看起來都相同呢？特別是為何往不同方向看時，宇宙背景輻射的溫度幾乎都相同呢？這有點像是問一群學生同一個問題，若是學生的答案都相同，那麼可以確信他們已經彼此串通過了。

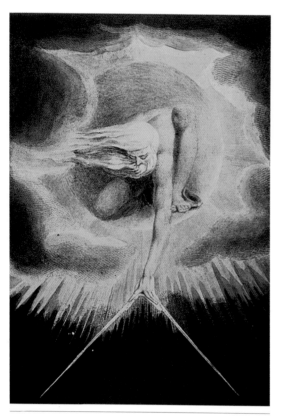

布萊克（1757-1827年）繪製的《太古》。

然而在大霹靂模型中，即使宇宙早期所有區域都相當靠近，光線並沒有足夠時間在不同區域間行進。根據相對論，如果光都無法行進到別的區域，那麼其他訊息也不可能。所以在早期宇宙時，不同的區域沒有辦法達成相同的溫度，除非有未知原因，讓它們恰巧都以相同的溫度開始。

（3）為什麼宇宙不會一誕生便迅速崩塌，或膨脹過速而永遠擴張？我們的宇宙以極接近臨界擴張的速度開始，即使是一百億年後的今日，仍以接近臨界速度進行擴張。若是大霹靂一秒之時，宇宙的擴張速度少了10^{17}分之一的話，宇宙老早就再度崩塌，而無法達到現今的大小。

（4）儘管宇宙在大尺度上相當勻稱，但仍然有局部的不規則存在（如恆星與星系）。這些結構是源自於早期宇宙各區域的微小密度差異，然而這些密度差異又從何而來呢？

廣義相對論本身無法解釋這些特徵，也不能回答問題，因為它預測宇宙從大霹靂奇異點以無限大的密度開始，而在奇異點上，廣義相對論等所有物理法則都瓦解了，無從預測奇異點裡會蹦出什麼東西。前面解釋

過，這意味著可以將大霹靂與之前所有事件
全部從理論拿走，因為這些事件對於我們的
觀察沒有作用：時空會有邊界，一切開始於
大霹靂。

科學家現在已擁有一套法則，若我們知
道宇宙在任何一個時刻的狀態，在測不準原
理的限制下，便可以推知宇宙會如何發展。
這些法則或許原本是由上帝所設定，但似乎
祂從此束手不管，任憑宇宙按照法則演化。
但祂如何選擇宇宙的初始狀態或結構呢？在
時間開始那刻的「邊界條件」是什麼呢？

有一個可能的解釋是上帝選擇宇宙初始
結構的理由，並非人類所能了解，全部操縱
在萬能之主的手上。但是若上帝以這種無法
理解的方式開啟宇宙，那麼為何祂選擇宇宙
演進的法則是人類可以理解的呢？整個科學
史的重心，便是逐漸了解到事情不是任意發
生，而是反映出某種根本的秩序，可能是、
也可能不是神的旨意。我們很自然會去假
設，這個秩序應該不只是適用於法則而已，

同時也適用於時空邊界的條件，亦即可限定
宇宙的初始狀態。或許，有許多初始條件不
同但都遵守法則的宇宙模型存在，但是應該
有個原則可以挑選出正確的初始狀態，進而
選定代表我們宇宙的模型。

「混沌邊界條件」是其中一種可能性，
其隱含的假設是宇宙的空間為無限大，或是
有無窮多的宇宙存在。在混沌邊界條件下，
大霹靂之後某個特定區域出現特定結構的機
率，和出現任意其他結構的機率相等，換句
話說：宇宙的初始狀態純粹是隨機選擇的。
這意味著早期宇宙可能是極為混亂與不規
則，因為宇宙有許多混亂失序的結構可供選
擇，超過整齊有序的結構（如果每個結構的
機率相當，很可能宇宙會以混亂失序的狀態
開始，因為混亂失序的狀態比較多）。我們
很難明白為何這種混亂的初始條件能夠造就
今日整齊規則的宇宙，而且在這種模型裡密
度起伏也造成許多原生黑洞的形成，超過今
日對伽瑪射線背景觀察時所設的上限。

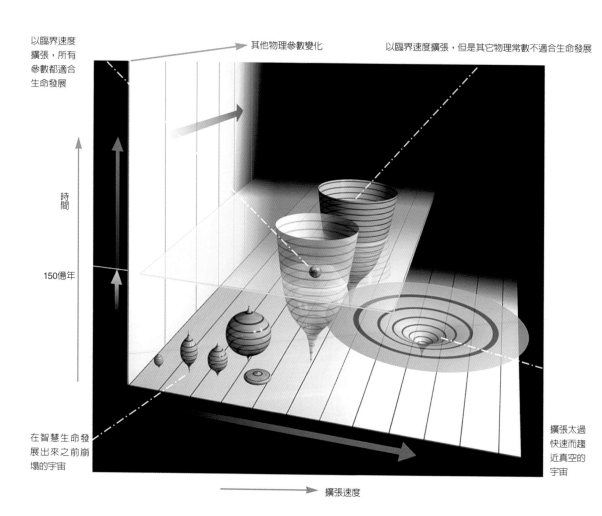

圖8.5：強人擇原理假設有許多不同的宇宙存在，具有許多不同的初始擴張速度以及其他基本的物理特性，但是只有少數的宇宙適合生命發展。

如果宇宙確實具有無限大的空間，或是有無限多的宇宙存在，那麼可能有某些大型的區域以整齊一致的方式開始。這有點像一群猴子在打字機上胡亂敲打，雖然絕大部分都是垃圾，但是偶然也可能出現莎士比亞的詩文。同樣地，就宇宙的情形而論，會不會我們就剛好住在一塊整齊有序的區域呢？乍看之下，這極為不可能，因為整齊有序的區域會被眾多混亂失序的區域掩埋。然而只有在整齊有序的區域下才會形成星系與恆星，也才能有條件讓像我們這般又複雜又能繁殖的有機體發展出，並能夠提出「為何宇宙如此平順」的問題。以上就是適用了人擇原理，也可以改寫成「我在，故我見」的宇宙觀。

人擇原理有強、弱兩種。弱人擇原理指在一個巨大或具有無窮空間／時間的宇宙裡，只有在某些時間與空間有限的區域，才會具有讓智慧生命發展出來的必要條件。因此，在這些區域的智慧生命，若是觀察到自己在宇宙中的位置滿足自身存在的必要條件，其實不用感到驚訝。這有點像是住在高級社區的有錢人，不會看見貧窮一樣。

適用弱人擇原理的一個例子，是用來「解釋」為什麼大霹靂發生在一百億年前左右，因為人類也是花這麼久時間才能演化出來。前面提過，首先要先形成第一代的恆星，將一些原來的氫與氦變成碳與氧元素，成為組成我們的材料。接著這些恆星爆炸成為超新星，殘餘物形成恆星與行星，其中包括約五十億年前形成的太陽系。地球剛開始的一、二十億年太熱，無法發展出複雜的東西。接下來三十億年才是緩慢的生物演化過程，從最簡單的有機體進展到有能力揣測度量大霹靂發生時間的生物。

幾乎沒有人質疑弱人擇原理的有效性或實用性，但是有些人進一步提出強人擇原理（圖8.5）。根據該理論，有許多不同的宇宙存在，或是一個宇宙裡有許多不同的區域，每個區域都各自擁有一個初始結構，或

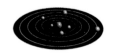

是一套科學法則。在大多數宇宙中沒有適當的條件，無法發展出複雜的有機體，只有極少數像我們的宇宙會發展出智慧生物，並提出「宇宙為何是這個面貌」等問題。答案其實很簡單：如果不是這樣，我們就不會在這裡了！

我們現在知道的科學法則包含許多基本的數字，像是電子電荷，以及質子與電子的質量比。然而目前還是無法從理論預測這些數值，而是必須靠測量得知。或許有一天，能夠找到一個完整的統一理論預測所有的量值，但是也有可能某些量值在每個宇宙各有不同，或是在單一宇宙裡也不相同。令人驚奇的是，這些數值簡直像是經過精細調整，讓生命發展成為可能。例如，若是電子的電荷值稍有不同，恆星就無法燃燒氫與氦，或者無法爆炸。當然，可能有其他連科幻作家都想像不出來的智慧生物型態，它們不需要如太陽的恆星光，也不需要在恆星中心合成、並在恆星爆炸被拋回太空的較重元素。

然而，清楚的是，不管是哪種型態的智慧生命，這些物理基本量值可以容納生命發展的範圍極其有限；大多數的參數值可以創造出宇宙，卻沒有「人」可以讚嘆那美麗。我們可以將此視為上帝用心創造宇宙以及挑選科學法則的證據，或者是拿來做為支持強人擇原理的論證。

對於拉高到以強人擇原理來解釋目前所觀察到的宇宙，則傳出不少反對之聲。首先，怎麼能說各種不同的宇宙都存在呢？若是這些宇宙真的不同，發生在其他宇宙的事情，對於我們自己的宇宙將不具可觀察的結果。因此，我們應該借用經濟原理，將它們從理論剔除。另一方面，如果只是一個宇宙的不同區域，那麼科學法則必須在每個區域都相同，否則我們無法在區域間移動。在這個情況下，不同區域之間的不同之處僅在於初始結構，則強人擇原理又會降低到弱人擇原理了。

第二個反對強人擇原理的理由，是因為

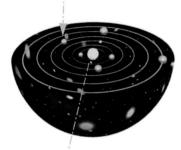

圖8.6

托勒密的天動說：地球位於宇宙中心

哥白尼的地動說：地球在太陽系裡，而恆星圍繞著外面運轉

星系說：地球環繞著一個普通的恆星，在銀河系旋臂外圍運轉

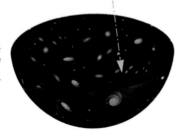

現今宇宙觀：銀河系只是在這個宇宙中10^{12}個可見星系的其中之一而已

它違背了科學歷史的潮流。我們從托勒密等人的地心說，進展到哥白尼和伽利略的日心說，最後演進到現代的觀點，認為地球是一個中等大小的行星，環繞著一個普通的恆星，位在一個平凡的螺旋星系外緣，而該星系本身又只是可見宇宙中大約10^{12}個星系當中的一員而已（圖8.6）。但是，強人擇原理主張這龐大複雜的建構僅僅是為了人類而存在，這點實在很難讓人相信。太陽系當然是我們存在的先決條件，或許有人會將這點延伸到整個星系，因為必須要有先一代的恆星才能創造出較重的元素。但是其他星系顯然沒有存在的必要，而宇宙在大尺度上也不需要每個方向如此均勻相似了。

假設能夠證明許多不同的宇宙初始結構，最終都能演變成宇宙今日的面貌，那麼應該會讓我們比較能夠接受人擇原理，至少是弱人擇原理。若是如此，從某類隨機初始條件發展而來的宇宙，應該含有不少平整一致且適合智慧生命演化的區域。相較上，如

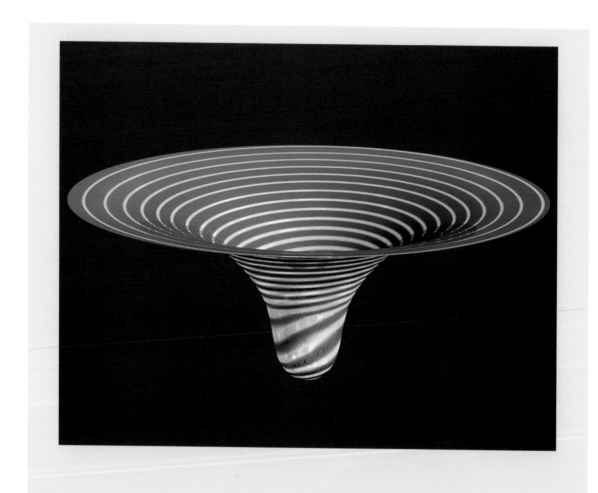

圖8.7：在熱霹靂模型中，擴張的速度會一直隨時間減小，
但是在暴脹模型中，擴張速度在早期中會快速增加。

果宇宙的初始狀態必須得精挑細選才能造就今日的面貌，那麼宇宙將不太可能包含可讓生命出現的區域。在上面談到的熱霹靂模型中，早期宇宙沒有時間讓熱在不同區域之間流動，意味著宇宙的初始狀態在每個地方都必須擁有完全相同的溫度，才能解釋現今觀察的微波背景均勻溫度。而宇宙擴張的速度也必須要嚴密挑選，讓擴張速度極為接近臨界速度，才可避免再度崩塌。這表示如果熱霹靂模型對時間開端的描述是正確的話，則宇宙的初始狀態必須得精挑細選才成，否則很難解釋為何宇宙正好以這種方式開始，除非是因為上帝本意想創造我們這樣的生物才介入調整的。

為了要找到讓許多不同初始結構都能夠演化出像今日宇宙的模型，麻省理工學院的科學家古斯（Alan Guth）提出早期宇宙可能歷經一段快速擴張的時期。這種擴張稱為「暴脹」，指宇宙在一段時間以加速的方式擴張，不像今天以減速的方式進行（圖8.7）。根據古斯的說法，宇宙半徑剎那間增加了10^{30}倍。

古斯指出，宇宙從大霹靂開始，處在一個極高溫又混亂的狀態。溫度高意謂宇宙裡的粒子會快速運動，並具有極高的能量。前面討論過，在這種高溫下，可以預期強核力、弱核力與電磁力將會統一成為一種力。隨著宇宙擴張，溫度會下降，而粒子能量也會減少。最後將會發生相變，作用力之間的對稱會遭到破壞，強作用力將會不同於弱核力與電磁力。常見相變的例子是水凍結為冰，液態水是對稱的，每個點與每個方向都相同，然而當冰晶形成時，水分子會有固定的位置，且會排列成行，也就破壞了水的對稱。

不過，如果夠小心的話，可以讓水進入「過冷態」（supercool），也就是讓溫度下降到冰點（攝氏0度）以下，卻不會讓水結成冰。古斯指出，宇宙的情況可能類似：當溫度降至臨界值以下時，作用力之間的對稱

圖8.8：初生刹那的加速擴張會將宇宙拉平，使得擴張幾乎達到臨界值。

性卻未遭破壞。若是如此，宇宙將會處於不穩定的狀態，比對稱破壞時擁有更多的能量。這額外的特別能量會出現反重力效應，效果如同愛因斯坦在嘗試建構穩定的宇宙模型時，所引進的宇宙常數。因為和熱霹靂模型中一樣，宇宙已經在擴張中，所以宇宙常數的斥力會讓宇宙加速擴張，即使在物質粒子密度比平均高的區域，物質之間的重力引力也會輸給作用中的宇宙常數斥力，因此這些區域也會以加速的方式進行擴張。隨著持續擴張而物質粒子越來越遠，此擴張宇宙幾乎不含任何粒子，並依然處於過冷態。宇宙中任何的不規則都會被擴張扯平，像是吹氣球時上面的皺紋會被撐平一般（圖8.8）。因此，許多不同的非均勻初始狀態，都有可能演化出今日平滑均勻的宇宙。

　　在這種宇宙中，宇宙常數會讓擴張加

速,而非受物質重力吸引而減慢速度,那麼光在早期宇宙時就有足夠時間旅行到不同區域。這可以對前面的問題,也就是為何早期宇宙中不同區域有相同溫度的問題,提出一個解答。再者,因為受到宇宙能量密度的影響,宇宙擴張的速度會變得十分接近臨界速度。這可以解釋為何擴張速度如此接近臨界速度,而不必假定宇宙的初始擴張速度是經過精挑細選的。

暴脹的想法也可以解釋為何宇宙有這麼多的物質存在。在可觀察的宇宙中,約有10^{80}個粒子,這些粒子從何而來呢?答案是在量子理論中,粒子是由能量以粒子/反粒子的形式創造出來。但是這個答案又引發另一個問題:能量從何而來呢?答案是宇宙中的總能量剛好是零。宇宙中的物質是從正能量生出,物質受本身重力吸引,兩個物質靠近時比遠離時的能量更低,因為必須耗費能量才能抵抗重力引力將兩者分開。因此,重力場算是負能量,在空間近乎均勻的宇宙

中，負重力能量正好抵消物質代表的正能量，所以宇宙的總能量為零。

零的兩倍還是零。因此，宇宙的正物質能量可以變成兩倍，負重力能量也可以變成兩倍，卻不會違反能量守恆。這不會發生在正常擴張的宇宙，因為那裡的物質能量密度會隨宇宙變大而減低。不過，在暴脹式擴張的宇宙這卻可能，因為過度冷卻狀態下的能量密度會在宇宙擴張時維持一定：當宇宙變大兩倍時，正物質能量和負重力能量也會變大兩倍，所以總能量仍然是零。在暴脹階段，宇宙的尺寸會大幅增加，因此能夠製造粒子的總能量也隨之大增，正如古斯所言：「人家說天下沒有白吃的午餐，但是宇宙正是終極的免費午餐。」

現今的宇宙不是以暴脹的方式擴張，因此需要有某種機制才能消除宇宙常數巨大的作用，讓宇由擴張速度從加速的方式到今日受重力而減緩。在暴脹擴張中，我們預期最終作用力之間的對稱性會遭到破壞，如同過

冷態的水卻最後還是會結冰一般。於是，對稱狀態的多餘能量將被釋放出來，讓宇宙再度增溫到剛好使作用力保持對稱的臨界溫度之下，所以宇宙會繼續擴張與冷卻，一如熱霹靂模型所描述，但是已經可以解釋為什麼宇宙剛好以臨界速度擴張，以及為什麼不同區域卻有相同溫度了。

在古斯原先的模型中，相變應該是突然發生，很像是在過冷態的水裡出現冰晶一般。他的想法是破壞對稱新狀態的「泡沫」，會在舊狀態中形成，就像滾水裡會有蒸氣泡沫一般。這些泡泡應該會擴張，直到新狀態的區域結合充滿整個宇宙。麻煩的是，如同我和幾位科學家指出，宇宙擴張的速度太快了，即使泡泡以光速成長，也會遠離彼此而無法匯聚。那麼，宇宙將會處於極不一致的狀態，有些區域的不同作用力之間還具有對稱性，然而這種宇宙模型並不符合我們的觀察。

一九八一年十月，我到莫斯科參加一場

幾年前暴脹宇宙在學界所遭受的待遇（劍橋1982年）

林德手繪卡通：1980年代學界眼中的早期宇宙暴脹模型。

量子重力的會議。在會議後，我在史坦柏格天文研究所的研討會上發表有關暴脹模型與問題的演講。在之前，我都是請人代勞發表演講，因爲大多數人聽不清楚我說的話。但是由於沒有時間做好準備，所以我親自上場，請一名研究生複述一遍。結果效果很好，我與聽眾有更多的互動。其中有一名年

輕的俄國人林德（Andrei Linde），他在莫斯科的林柏德夫（Lebedev）研究所工作。林德提到，若是單一泡泡大到包含我們整個宇宙區域的話，泡泡不能結合的難題或許可以避免。這要行得通的話，在泡泡裡從對稱態到對稱破壞態的轉變過程必須發生得極爲緩慢才行，而根據大統一理論，這相當有可能。林德提出緩慢破壞對稱的想法非常好，但是我後來明白他的泡泡必須比當時的宇宙大才行！我想到，對稱破壞並不是只有發生在泡泡裡面，而是會在每個地方同時發生，這可能導致現今觀察到的均勻宇宙。我很興奮，和一位學生摩斯（Ian Moss）討論這個想法。然而，後來我接到一份科學期刊送來林德的論文，問我是否適合刊登，這讓身爲林德朋友的我倍覺尷尬。我回覆說，他的想法有泡泡必須比宇宙大的缺點存在，但是基本的緩慢對稱破壞想法非常好。我建議論文照樣發表，否則林德得花幾個月修改，而且送到西方的東西都必須通過蘇俄政府的審

查，他們對於科學論文的審查技巧不成熟又曠日費時。我另外和摩斯在同一期刊中發表一小篇論文，指出泡泡的問題與解決的方法。

從莫斯科回來的第二天，我準備啟程前往費城，接受富蘭克林研究所頒獎。我的祕書費拉（Judy Fella）施展無與倫比的魅力，說服英航給我們兩人協和號免費的公關票。不過，我還是因為大雨無法順利到機場，結果錯過了班機。總之，我最後安然抵達費城領獎，並受邀在費城卓克索大學（Drexel）發表一場暴脹宇宙的演講，我也提到在莫斯科談到的暴脹宇宙問題。

幾個月之後，費城大學的斯坦哈特（Paul Steinhardt）與阿布雷希特（Andreas Albrecht）獨立提出一個相當類似林德的想法，現在他們三人被共推為「新暴脹模型」的創始人，該模型以緩慢對稱破壞為基礎（古斯提出來的舊暴脹模型，主張在泡泡形成會發生快速的對稱破壞）。

新暴脹模型對於解釋宇宙現況是一個很好的嘗試。然而，我與幾個人指出，至少就最初的模型來看，它對宇宙背景輻射溫度變化的預測高於實際觀察。後來的研究也質疑早期宇宙是否發生過必要的相變，就我個人而言，新暴脹理論是已經死亡的科學理論，雖然許多人似乎沒有聽過其死訊，還不停發表論文。一九八三年林德提出一個更好的模型，稱為混沌暴脹模型。在這個模型中，沒有相變或過冷態。在這理論中，自旋0的場因為量子起伏的關係，所以早期宇宙的某些地區會有較大的場值。在這些地區場能量的作用有如宇宙常數，具有互斥的重力效果，使得這些區域以暴脹的方式擴張。在擴張的時候，裡面的場能量會緩慢遞減，直到暴脹擴張變成熱霹靂模型中的一般擴張，其中有個區域將變成我們現今的可見宇宙。這個模型不僅含有先前暴脹模型的所有優點，而且不需要令人置疑的相變，再者對於微波背景的溫度起伏也有合理的預測，與實際觀察吻

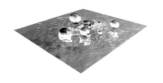

合。

　　暴脹模型的研究顯示，許多不同的初始構造都有可能形成今日的宇宙。這點很重要，因為這代表我們居住的宇宙區域，其初始狀態並不需要精挑細選。所以，如果我們願意的話，可以使用弱人擇原理來解釋宇宙的現況。不過，不可能是每個初始結構都會造成今日觀察到的宇宙，要釐清這一點，可以將現今的宇宙想像成一個極為不同的狀態，例如是一個凹凸不平與不規則的地方，接著用科學法則將宇宙倒推回來決定其初始結構。根據古典廣義相對論的奇異點定理，還是會存在大霹靂奇異點，我們知道根據科學法則讓宇宙往前推演發展，最後會得到原先所假設凹凸不平與不規則狀態。因此，必定不會造成今日宇宙的初始結構。所以，即使是暴脹模型也無法說明為何初始結構沒有造成與今日宇宙大異其趣的世界。我們必須回到人擇原理尋求解釋嗎？一切純粹是幸運嗎？可是，訴諸人擇原理恐怕會帶來幻滅，

否定我們希望了解宇宙基本秩序的努力。

　　為了預測宇宙開始的方式，需要找到時間開始時便成立的法則。如果古典廣義相對論是正確的，那麼潘若斯和我證明的奇異點定理顯示，時間的開始將會是密度無限大以及時空曲率無限大的一個點，所有已知的科學法則在這點將全部瓦解。或許有人會猜想奇異點可能有新法則成立，但是在這種無限大的奇異點上，即使要提出數學公式都十分困難，而且我們根本無從觀察起。不過，奇異點定理真正指出的是，重力場會變得如此強烈，使得量子重力效應變得十分重要：古典理論不再是良好的宇宙描述，所以必須用重力量子理論來討論宇宙最早的階段。我們將會看到，在量子理論中一般的科學法則可能隨時隨地都成立，包括時間開始那刻：不必要為奇異點提出新的法則，因為在量子理論中並不需要奇異點。

　　物理學家到現在還沒有一個完整一致的理論，可以結合量子力學和重力，然而我們

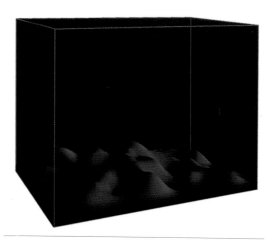

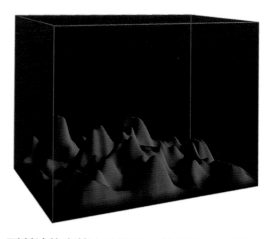

圖8.9：林德提出的一種暴脹模型，場的量子起伏造成某些區域快速擴張而成峰突起，而我們這塊區域則是不再暴脹的谷地。

相信這樣的統一理論應該具有幾項特徵。首先，它應該納入費曼的提議，以歷史總和的方法來表述量子理論。在這種方法中，粒子跟古典理論中不一樣，不是只有單一歷史，而是會走時空中每個可能的路徑，而每個歷史都有幾個重要數值，一個代表波的振幅，另一個代表波在週期中的位置（相位），粒子經過某點的機率是將所有可能經過該點的歷史之波相加而得。然而，真正要相加計算時，會遇到幾個技術上的問題，只能運用以

下所述的奇特方法避免：所有粒子歷史的波不像平常一樣發生在「實數」的時間裡，而是發生在「虛數」時間裡。虛數時間聽起來或許太科幻了，但卻是有明確定義的數學概念。若是將平常的數字（實數）與自己相乘，給果會得到正數（例如，2×2=4，-2×-2=4），然而有個特別的數字（虛數）自己相乘會得到負數（這個數字稱為i，i自乘得到-1，2i自乘得到-4，以此類推）。

可以用下面這種圖解方式思考實數與虛數（圖8.10）。實數可以用一條由左到右的線代表，中間為0，左邊是-1、-2等負數，右邊為1、2等正數。接著，虛數可以用一條垂

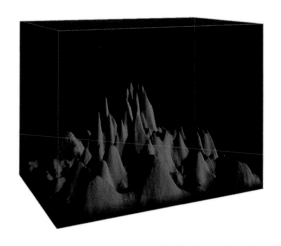 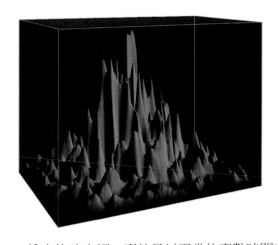

直線代表，上面是i、2i等數字，下面爲-i、-2i等數字。因此，虛數可以說存在於一般實數的垂直方向。

　　爲了要避免費曼歷史總和的技術問題，必須用虛數時間，也就是說爲了計算起見，必須以虛數度量時間，而非使用實數。這對時空會產生一個有趣的效應，讓時間與空間的分野完全消失。在時空裡，若事件具有虛數時間座標時，稱爲歐氏時空，以奠定平面幾何學的古希臘人歐幾里得命名。所謂的歐氏時空跟平面幾何很相似，不過不是擁有兩個維度，而是擁有四個維度。在歐氏時空中，時間方向和空間方向沒有區別，然而在

眞實的時空裡，事件是以平常的實數時間座標標示，這就很容易區分兩者的差異，因爲各點的時間方向是在光錐之內，而空間方向則在光錐之外。在平常的量子力學上，可以將虛數時間與歐氏時空的使用，當成只是一種數學機關（或技巧），一種方便計算眞實時空問題的方法。

　　終極理論應該具備的第二項特徵，是愛因斯坦認爲重力場可由彎曲時空代表的想法：粒子在彎曲的空間裡會走最接近直線的路徑，但因爲時空並非平面，所以路徑會因重力場的關係而呈現彎曲。將費曼的歷史總和論套用在愛因斯坦的重力觀上面，某個粒

子的歷史可類比成一套完整的彎曲時空，代
表了整個宇宙的歷史。爲了避免計算歷史總
和上的技術難題，這彎曲時空必須設爲歐氏
時空，也就是時間爲虛數，且與空間方向並
無差別。要計算具有某種特質的眞實時空之
機率，例如每個點與每個方向看起來皆相
同，便是將具有該特質的所有歷史的波全部
相加。

在古典廣義相對論中，可能有許多不同
的彎曲時空，每個都對應著不同的宇宙初始
狀態。如果知道我們宇宙的初始狀態，便會
知道整個歷史。同樣地，在重力量子理論，
宇宙可能有許多不同的量子狀態，若是知道
在歷史總和下歐氏彎曲時空在早期宇宙的行
爲表現，將可知道宇宙的量子狀態。

在古典重力理論，是以眞實的時空爲基
礎，宇宙的行爲表現只有兩種可能的方式：
宇宙若不是已經存在無限久的時間，便是發
生在過去某個時刻，從奇異點開始。然而，
在量子重力理論中存在第三種可能性，因爲

我們用的是歐氏時空，時間方向與空間方向
都一樣，時空可能有限度，但是並沒有形成
邊界或邊緣的奇異點；時空將有如地球表
面，只是多了兩個維度；地球的表面有限
度，但是卻沒有邊界或邊緣，如果朝向落日
航行，將不會跌落邊緣或碰到奇異點（這點
我確定，因爲我已環遊過世界了）。

如果歐氏時空延伸回到無窮的虛數時
間，或是在虛數時間裡從一個奇異點開始，
我們會遇到跟古典理論中一樣的問題，即限
定宇宙的初始狀態：上帝也許知道宇宙如何
開始，但是我們沒有特別的理由相信宇宙是
以某種方式開始。另一方面，量子重力理論
開啓另一個全新的可能性：時空沒有邊界，
無須限定在邊界的行爲，既沒有奇異點會讓
科學法則瓦解，也沒有時空的邊緣讓人得訴
諸上帝或新法則，來設定時空的邊界條件。
可以這麼說：「宇宙的邊界條件是沒有邊
界。」宇宙將會完全自然完備，除了本身之
外不會受到任何外在事物影響。宇宙既不是

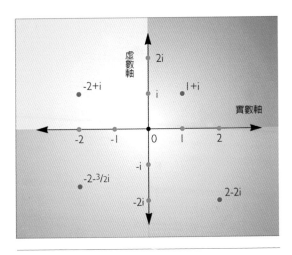

圖8.10：實數可由從左到右的水平線爲代表，虛數可由垂直線代表。

被創造，也不會被破壞，宇宙本身就是存在。

　　在前面提到的梵蒂岡會議上，我首度提出這樣的看法，指出也許時間和空間共同形成一個表面，雖然大小有限度，但是沒有任何的邊界或邊緣。不過，我的論文非常數學，所以這個理論對上帝在宇宙創生角色的衝擊，並未受人們注意（我自己也不了解）。在梵蒂岡開會的時候，我還不知道該

如何用「無邊界」的概念來預測宇宙。不過，接下來我在暑假到加州大學聖塔芭芭拉分校訪問，同事兼朋友哈特爾（Jim Hartle）和我一起研究宇宙在時空沒有邊界的狀況下，必須符合哪些條件。等我回到劍橋後，又繼續和兩名研究生魯萃歐（Julian Luttrel）、哈利威爾（Jonathan Halliwell）共同努力。

　　我想要強調，時間和空間應該是有限而「無邊界」的想法只是一項「假說」（proposal），不能從其他原理推演而來。就像任何其他的科學理論一樣，最初可能是基於美學或形上學的理由而提出，但是真正的考驗在於是否能做出符合觀察的預測。然而，量子重力理論往往很難做預測，可以歸納成兩點原因。第一點，雖然對於這個理論該滿足哪些條件相當清楚，但至今還不確定哪個理論能成功結合廣義相對論和量子力學（第十一章將進一步解釋）。第二點，任何仔細描述整體宇宙的模型在數學上會太複

See the Bold-Shadow of Vrania's Glory,
Immortall in His Race, no lesse in Story:
An Artist without Error, from whose Lyne,
Both Earth and Heav'ns, in sweet Proportions twine:
Behold Great EUCLID! But, behold Him well!
For 'tis in Him, Divinity doth dwell./
G.Wharton.

歐幾里得（西元前295年）

雜，而無法計算出精確的預測，所以必須簡
化假設與近似值，不過即使做了近似，要進
行任何預測仍然困難重重。

在歷史總和論中，每個歷史不僅描述時
空，也描述其中包含的全部事物，包括人類
這種可以觀察宇宙歷史的複雜有機體。這或
許又是人擇原理的另一項論證，因為如果所
有歷史都有可能，那麼只要我們存在其中一
個歷史，便可以使用人擇原理來解釋宇宙現
況；對於人類不存在的其他歷史，到底要賦
予何種意義則不清楚。不過，如果歷史總和
論能顯示我們的宇宙不只是「一個可能的歷
史」，而是「最可能的歷史」的話，那麼量
子重力理論的觀點將會更具說服力。為了如
此，我們要將所有可能的無邊界歐氏時空進
行歷史總和。

在「無邊界」的假說下，我們知道宇宙
遵循大多數可能歷史的機率微乎其微，但是
有特定一類歷史的可能性比較高。我們可以
將這類歷史想像成地球表面，與北極的距離
代表虛數時間，與北極等距形成的圓代表宇
宙的空間大小，宇宙從北極以一個點開始，
往南移動時，與北極等距形成的緯度圈會變
大，相當於宇宙隨著虛數時間擴張（圖

8.11）。宇宙將在赤道達到最大，隨著虛數時間增加在南極收縮成一個點。縱使宇宙在南極與北極沒有大小，這些點也不會是奇異點，就像南北極只是地球上平常的點而已，所以科學法則在此也會成立，如同在地球南北極也成立一般。

然而，在實數時間裡的宇宙歷史則是大為不同。大約在一、兩百億年前，宇宙的尺寸最小，相當於虛數時間宇宙歷史的最大半徑。在實數時間裡，宇宙會以林德混沌暴脹模型中的方式擴張（但是不再需要假設宇宙以某種正確的狀態創生）。宇宙將擴張到極大的尺寸（圖8.12），最後又會再度崩塌，看起來像是實數時間裡的一個奇異點，因此即使我們避開黑洞，最後還是注定會完蛋。唯有用虛數時間來思考宇宙，才不會有奇異點。

如果宇宙真的是在這種量子狀態中，在虛數時間裡的宇宙歷史將不會有奇異點。乍看之下，我最近的研究完全抹煞了先前奇異點研究的成果，但是前面已經指出，奇異點定理的真正意義在於證明重力場必須變得極強，讓量子效應無法被忽略，進而導出宇宙可能在虛數時間裡有限度、但是沒有邊界或奇異點的想法。然而，回到我們生活的實數時間裡，還是會有奇異點的存在，那個掉進黑洞的可憐太空人，依然會面臨悲慘的命運，除非他活在虛數時間裡，才不會碰到奇異點。

會不會所謂的虛數時間其實是真實的時間，至於我們說的實數時間不過是幻想而已。在實數時間裡，宇宙在奇異點開始，在奇異點結束，形成時空的邊界，並讓科學法則瓦解失效。所以，也許我們稱的虛數時間是更根本的東西，而所謂的「真實」不過是發明出來的想法，用來幫忙描述我們眼中的宇宙。但是根據第一章談到的方法，科學理論只是一個用來描述觀察的數學模型，只存在人們心中。所以問「實數」時間或「虛數」時間哪一個才是真實的時間，其實並沒

圖8.11

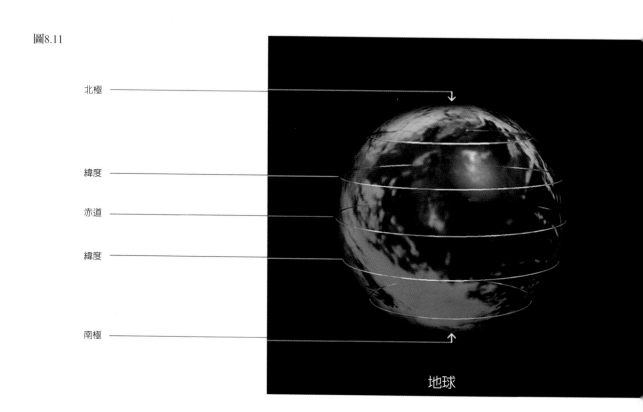

北極

緯度

赤道

緯度

南極

地球

有意義，重點在於哪個是更有用的描述。

除了無邊界假說，還可以再用歷史總和，找出宇宙可能會具備哪些其他特質。例如，可以計算當宇宙的密度到達目前值時，各方向的擴張速度幾乎相等的可能性有多高。結果，在目前檢視過的簡單模型來說，

圖8.11：在「無邊界」假說中，宇宙在虛數時間的歷史有如地球的表面，大小有限但是沒有邊界。

這種可能性非常高，也就是無邊界假說可導出以下預測：宇宙現今的擴張速度極有可能在每個方向都幾乎相同。這與微波背景輻射

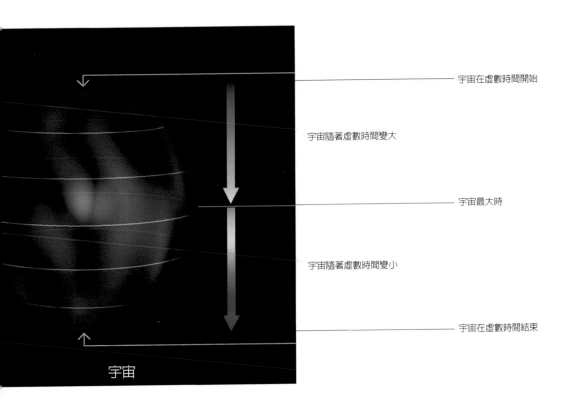

宇宙在虛數時間開始

宇宙隨著虛數時間變大

宇宙最大時

宇宙隨著虛數時間變小

宇宙在虛數時間結束

宇宙

的觀察一致，即在任何方向的強度幾乎都相同。若是宇宙在某些方向的擴張速度較快，這些方向的輻射密度將會受額外的紅移而減少。

　　現在，我們正在研究無邊界條件的進階預測。一個特別有趣的問題是早期宇宙密度的細微差異有多大，正是這些差異首先造成了星系、再來是恆星，最後包括人類的誕生。測不準原理暗示，早期宇宙不可能完全均勻，因爲粒子的位置與速度必定會有某些不確定或起伏。使用無邊界條件，可發現宇宙事實上正是以測不準原理所容許的最小可

能的不均均狀態開始，接著宇宙會如暴脹模型所預測，歷經一段迅速擴張的時期。在這段期間，開始的不均勻將會放大，直到足以成爲今日各種結構的來源。一九九二年，宇宙背景探索衛星（COBE）首度偵測到微波背景在方向上具有細微的強度差異，而這些

不均勻與方向相關的方式，吻合了暴脹理論與無邊界假說的預測，所以用波普爾（Karl Popper）的標準來看，無邊界假說稱得上是一個好的科學理論：觀察可以證明它是錯誤的，但是相反地其預測獲得證實。在擴張的宇宙中，當物質的密度在每個地方稍有差

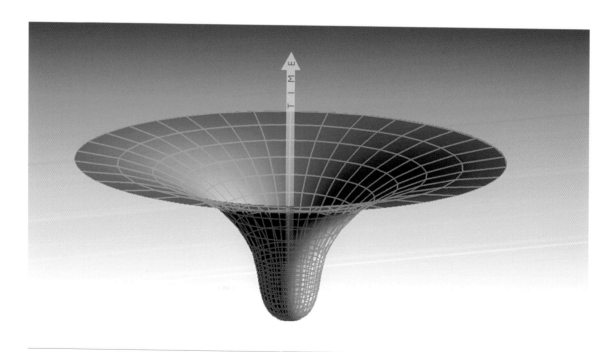

圖8.12：宇宙在虛數時間裡，就像是在地球表面由北極往赤道擴張，而在實數時間裡則以加速的暴脹方式擴張。

186

-0.27 ▬▬▬ +0.27

異，重力會讓密度較高的地方減緩擴張並開
始收縮，之後形成星系、恆星，以及最後是
渺小如人類等的生物。因此，我們看到宇宙
中所有複雜的結構，都可以由宇宙的無邊界
條件和量子力學的測不準原理共同來解釋。

　　空間與時間可能會形成無邊界的封閉表
面，這點想法對於上帝在宇宙學的角色上也
具有深奧的意義。在科學理論成功描述事件
下，大多數人進而相信上帝允許宇宙按照一
套法則演進，不會進行干預並破壞這些法

COBE衛星偵測到微波背景的細微溫度差異圖。熱點
代表的是密度較高的區域，之後演變成星系團。

則。然而，法則並沒有告訴我們，宇宙開始
的時候應該是何種模樣，還是得交由上帝轉
動發條，並選擇讓宇宙如何開始。只要宇宙
有開始，我們還是可以假定宇宙由造物主所
創造。但如果宇宙實際上完全是自然完備，
沒有邊界或邊緣，宇宙就不會有開始或結
束，宇宙就是存在而已。那麼，哪還有造物
主的位置呢？

187

9
時間箭矢

前面已經看到，人類對於時間本質的觀點如何演進。直到廿世紀初，人們還相信絕對時間，也就是認為每個事件都可以用稱為「時間」的數字，以獨特的方式標示出來，而所有好的時鐘對於兩個事件的時間間隔會有一致的答案。然而，自從發現不管觀察者的速度為何，光速都保持相同之後，促成相對論的誕生，讓我們必須拋棄「絕對時間」的概念，每個觀察者依據身邊的時鐘，對於時間各有自己的度量，不同觀察者各自帶的時鐘不一定會吻合。因此，時間變成比較個人化的概念，與哪個觀察者做度量有關。

在試圖將重力與量子力學結合時，必須引進「虛數」時間的概念。虛數時間與空間方向並無差別，如果一個人走向北邊，可以調頭走向南邊，同樣地，如果他在虛數時間裡往前，也可以調頭往後，這表示虛數時間的前後方向之間並無重大差別。另一方面，我們都知道「真實」時間往前往後具有重大差別。而過去與未來的差異何來？為什麼我們記得過去，而不是未來呢？

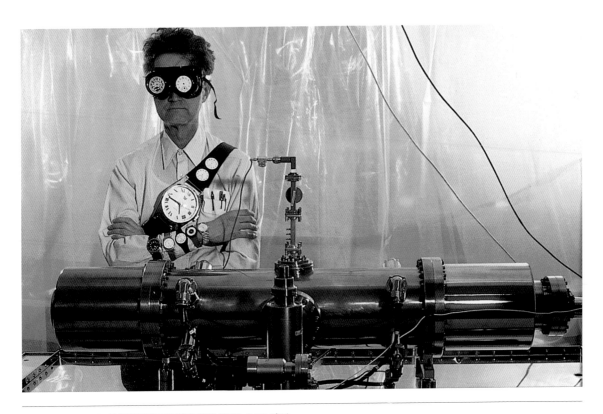

● 左頁圖：首具能夠精準測量到經度的計時器（1735年）。
● 上圖：美國鉋時鐘管理員；標準一秒是依據鉋133蒸氣在兩個磁鐵之間的振盪數而定。

　　科學法則並未區分過去與未來。更精確地說，如前面解釋過，物理法則在CPT對稱下不會改變（C指粒子變成反粒子；P指鏡像，所以左右邊可以互換；T指倒轉所有粒子的運動方向，實際上就是讓運動顛倒進行）。另外，在正常情況下支配物質運動的科學法則，在CP對稱下也會保持不變，換句話說，如果有一個星球上面的居民是由反

189

物質組成，又是我們的鏡像，那麼他們所過的日子就會跟我們一模一樣了。

如果科學法則在CP對稱下不變，在CPT對稱下也不變，那麼在T對稱下必定也會保持不變。然而，在日常生活中實數時間的前後方向具有重大差異。想像有一杯水從桌子摔落地面碎裂（圖9.1），若是拍成影片，很容易區分影帶往前或往後播放，若是往後播放，會看到地上的碎片突然從地板躍起復合，跳回桌面成爲完好無缺的杯子。你馬上知道影片是往回播放，因爲這種行爲在日常生活中不會看見。如果會發生這種事情的話，陶瓷業者恐怕都要關門大吉。

爲什麼不會看見打破的杯子自動從地板復合，然後躍回桌面呢？通常是以違反熱力學第二定律來解釋。此定律指在任何封閉的系統中，混亂程度（也就是熵）一定會隨時間增加，也就是莫非定律：事情總是會出錯！桌面上一個完好的杯子是處於有秩序的狀態，而地板上一個破碎的杯子則是處於混

亂的狀態，我們可以輕易聯想到過去桌面上的一個好杯子，變成未來地板上的一個破杯子，但倒過來就不可能了。

亂度或熵會隨時間增加一事，可做爲「時間箭矢」的例子。時間箭矢給予時間一個方向，可區分過去與未來。時間箭矢至少

有三種，第一種是熱力學的時間箭矢，順著
時間方向熵會增加。接著是心理層面的時間
箭矢，這是我們感覺時間流逝的方向，讓我
們記得過去而非未來的方向。最後，是宇宙
學的時間箭矢，在這個時間方向上宇宙會擴
張而非收縮（圖9.3）。

在這章中，我將宇宙無邊界條件與弱人
擇原理聯合起來，解釋爲何三種時間箭矢都
指向相同方向，並且說明爲何會有個明確的

圖9.1：觀看一段杯子摔落地面的影片，很容易判斷影
片是往前或往後播放。然而，不管時間往前或往後，
科學法則都會相同。

圖9.2：撞球賽是封閉系統，一開始撞球安排有序，但是一旦比賽開始，撞球會四處碰撞，變得非常混亂。要打一桿讓所有撞球回歸原點，幾乎是不可能的事。

時間箭矢存在。後面會提到，心理學箭矢是受熱力學箭矢決定，而這兩種時間箭矢必定都指向相同方向。若是承認宇宙無邊界條件，可推論明確的熱力學與宇宙學時間箭矢

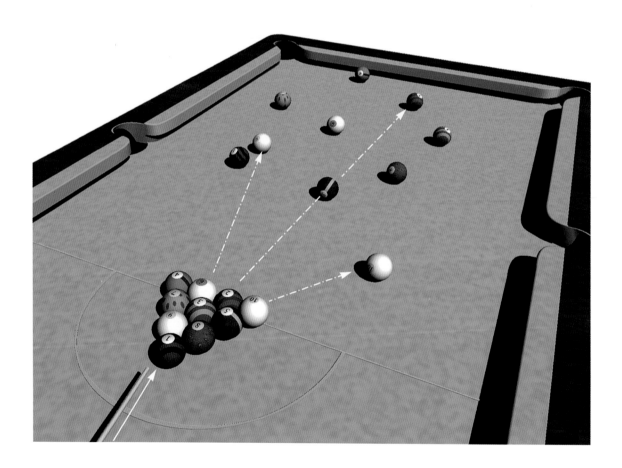

都會存在，但是它們在宇宙整個歷史當中將不見得會指向相同方向。不過，我會指出唯有當兩者確實指向相同方向，條件才會適合發展出能夠提出這種問題的智慧生命：為什麼亂度增加的時間方向，與宇宙擴張的時間方向相同呢？

首先討論熱力學的時間箭矢。熱力學第二定律是因為可能的混亂狀態總是多過有秩序的狀態而造成，以拼圖為例，只有一種排列方式才能拼出完整的圖案，但是卻有許多亂七八糟的排列方式，無法湊出一幅完整的圖案。

假設某系統從少數有秩序的狀態開始，隨著時間按照科學法則，使狀態發生改變。到後來，該系統處在混亂狀態中的可能性比較高，因為混亂的狀態本來就比有秩序的狀態多。因此，若是系統原先便處於高秩序的狀態，隨著時間亂度都將增加。

假設拼圖放在盒子中，形成一幅排列整齊的圖案。若是搖動盒子，拼圖會變成另一

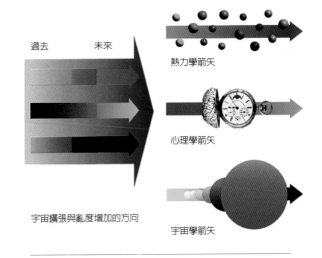

宇宙擴張與亂度增加的方向

圖9.3：至少有三種時間箭矢：亂度會增加的方向、我們感覺時間流逝的方向，以及宇宙會擴增的方向。

種排列，可能是混亂無序的狀態，無法形成正確的圖案，因為混亂的排法本來就比較多。有些拼片可能會構成一部分的圖案，但是越是搖動盒子，這些拼片越可能散掉而無法組成任何圖案。因此，若是拼片以高秩序的起始條件開始，隨著時間拼片混亂的程度可能會增加。

然而，如果假設上帝決定宇宙應該以高

秩序的狀態結束，而不管原先以什麼狀
態開始的話，宇宙在早期階段可能
會處於混亂狀態，意味著亂度會
隨時間減少，我們會看破碎的杯子
回復原狀，然後躍回桌面上。然而，若這個
宇宙有人來看到這副景象的話，他還是會覺
得自己住在一個亂度隨時間增加的宇宙裡，
我得說這種「人」的心理學時間箭矢是往後
的，他們會記住未來的事件，而不記得過去
的事件。當杯子破碎時，他們會記得杯子是
放在桌子上，但是當杯子放在桌子上時，他
們卻不記得杯子曾經碎裂在地板上。

　　我們很難討論人類的記憶，因為科學家
還不知道腦部運作的細節。不過，我們十分
了解電腦記憶的運作方式，因此我們來討論
電腦的心理時間箭矢。我認為假定電腦的時
間箭矢與人類的時間箭矢相同，是很合理的
事情。不然的話，只要擁有一台能夠記住明
天股價的電腦，就可以大撈一票了。基本
上，電腦的記憶是以只有兩種狀態的元素構

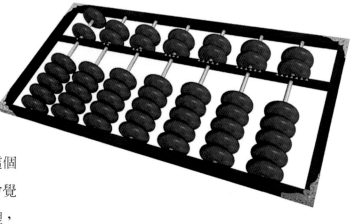

圖9.4：算盤運作的道理與電腦的記憶相似，每個算珠
會在兩種狀態之一，要改變算珠的位置，必須投入一
定的能量。

成的機制，算盤是一個簡單的例子。在最簡
單的算盤中，包含許多檔，每檔有許多算
珠，每個算珠有兩種狀態。在一個電子檔案
用電腦儲存之前，記憶是處於混亂的狀態，
兩種可能的狀態有相同的機率（這相當於算
盤檔上算珠位置隨意錯落）。在記憶登入系
統被記住後，會根據資料確定其狀態（相當
於每個算珠會在左邊或右邊），所以記憶便
從混亂的狀態變成有秩序的狀態。然而，為
了確定記憶是在對的狀態，必須要使用一定

的能量（例如移動算珠或是開電腦）。這份能量會以熱的形態散發，增加宇宙混亂的程度，而這種混亂程度的增加一定會大於記憶本身秩序的增加，所以當電腦在記憶中登錄一個項目而從散熱風扇排出熱時，宇宙裡的總亂度仍然會上升，電腦記住過去的時間方向與亂度增加的方向相同。

因此，我們對時間方向的主觀感覺，也就是心理上的時間箭矢，是在大腦受熱力學的時間箭矢所決定。就像電腦一樣，我們必須以熵增加的方向依序記憶事情，這使得熱力學第二定律幾乎成為廢話：亂度隨時間增加，是因為我們根據亂度增加的方向來度量時間，所以這個定律當然成立了。

那麼，為何會有熱力學的時間箭矢呢？為什麼宇宙在一個時間之端，也就是我們所稱的「過去」，會處於高秩序的狀態呢？為什麼不是所有時間都處於完全混亂的狀態呢？畢竟，混亂的可能性比較高，不是嗎？而又為什麼亂度增加的時間方向，與宇宙擴張的方向相同呢？

在古典廣義相對論裡，無法預測宇宙如何開始，因為所有已知的科學法則都在大霹靂奇異點瓦解了。宇宙可能以極為平順有序的狀態開始，產生明確的熱力學與宇宙學時間箭矢，一如我們所見。但是，宇宙同樣可能會以非常混亂無序的狀態開始，在這種狀況下宇宙已經處於完全混亂的狀態，所以混亂無法再隨時間增加。既然混亂程度保持固定，這種情況下不會產生明確的熱力學時間箭矢。或者，混亂程度會開始減少，讓熱力學時間箭矢與宇宙學時間箭矢指向相反的方向，但是上面這兩種可能性都與觀察不符合。不過，我們已經看到古典廣義相對論預測自己的瓦解與失效，當時空的曲率變大時，量子重力效應將會更為重要，使得古典理論不再是良好的宇宙描述，我們必須使用量子重力理論來了解宇宙的起源。

在量子重力理論中，為了要確定宇宙的狀態，必須先確立宇宙所有可能歷史在過去

的時空邊界上之行為表現。但是，要求我們描述不知道、也無法知道的狀況，實在非常困難，想要避免這點，唯有當宇宙的歷史滿足無邊界條件之下才有可能，也就是歷史的範圍有限，但是沒有邊界、邊緣或奇異點。在這種情況下，時間的開始將會是時空中一個平順規則的點，而宇宙也會以非常均勻有序的狀態開始擴張。但時空也不可能是完全的均勻，因為那會違反量子理論的測不準原理。粒子的密度與速度必須要有微小的起伏，然而無邊界條件暗示這些起伏會盡可能地細微，與測不準原理吻合。

宇宙開始的時候，會有一段指數性擴張或暴脹式擴張，讓宇宙大小快速增加。在這段擴張期間，起初密度起伏仍然很小，但是後來會開始增加。密度比平均稍大的區域，多出來的物質會產生重力吸引，讓擴張的速度減緩，最終這些區域會停止擴張，並收縮聚集形成星系、恆星以及人類。宇宙會以均勻有序的狀態開始，隨著時間會變得混亂不

均，這可解釋熱力學的時間箭矢。

但是，當宇宙停止擴張並開始收縮時，會發生什麼事情呢？熱力學的時間箭矢會倒轉，亂度會開始隨時間減少嗎？對於從擴張到收縮階段能夠倖存的人們來說，這會帶來各種如科幻般的可能，他們會看到破碎的杯子從地板上自動復合，然後躍回桌面嗎？他們會記得明天的股價，然後大撈一票嗎？擔心宇宙再崩塌時會發生什麼事情，算是杞人憂天，因為宇宙至少要再等一百億年才會開始收縮。但是有一種更快的方法，可以知道會發生什麼事情：往黑洞一跳！恆星崩塌形成黑洞的情形，很像是整個宇宙崩塌的後期過程，所以如果亂度會在宇宙收縮階段呈現減少的趨勢，也可以預期在黑洞裡面亂度也會減少。所以，也許掉進黑洞的太空人，會因為在下注前記得輪盤會停在哪個位置而贏

左頁圖：沙漏看起來只往一個方向運動，如果宇宙的沙漏倒過來，這一切會改變嗎？

錢（不幸的是，在被拉成義大麵之前，他並沒有多少時間可下注，也沒辦法讓我們知道熱力學箭矢倒轉一事，或甚至是花贏來的錢，因為他會被困在黑洞事件視界裡）。

　　起初，我相信當宇宙再度崩塌時亂度會減少，因為我認為當宇宙再度變小時，應該回復平整有序的狀態。這意味著收縮階段會像是把擴張階段的時間倒轉過來，在收縮階段的人們會顛倒過日子，在宇宙收縮的時候，他們會先死亡，並且越變越年輕，然後才出生。

　　這個想法很吸引人，因為意味著在擴張階段和收縮階段之間具有完美的對稱。但是，我們不能只因這樣就採用這個想法，而將其他宇宙的定律棄置不管。問題是：這個想法是符合無邊界條件，或者與該條件不一致呢？前面說過，起初我認為無邊界條件確實暗示在宇宙收縮階段時亂度會隨時間減少，有部分是受到地球表面的比喻所誤導。如果將宇宙的開始比喻成是地球的北極，那

麼宇宙的結束應該類似於宇宙的開始，一如南極類似於北極一般。可是，北極和南極是對應於宇宙在虛數時間的開始和結束，至於實數時間裡的開始與結束可能會大不相同。另外，我還受到之前使用的一個簡單的宇宙模型誤導。在此模型中，收縮階段時會看起來像是擴張階段的時間倒轉。然而，我在賓州州立大學的同事佩奇（Don Page）指出，無邊界條件並不要求收縮階段必定是擴張階

時間

如果熱力學箭矢在收縮的宇宙裡發生倒轉的話，那麼被炸毀的大樓將從廢墟中重新站起、完好如初；人們出生時是年老的，「死亡」時是年幼的。

段的時間反演。另外，我的學生拉弗藍（Raymond Laflamme）發現在一個稍微複雜的模型中，宇宙的崩塌與擴張大不相同。於是，我明白自己犯了一個錯誤，事實上無邊界條件暗示在收縮階段亂度會繼續增加才

對，所以熱力學箭矢與心理學箭矢在宇宙開始收縮或在黑洞內部時，並不會發生反轉。

若是你發現自己犯了類似的錯誤，應該如何是好呢？有些人永遠不會認錯，會繼續找到新的、但通常是矛盾的論點來支持自己的主張，如同愛丁頓反對黑洞理論的作法一樣。有些人會聲稱自己從一開始便沒有眞正支持過錯誤的觀點，縱使有提過，也是爲了指出矛盾。我覺得還是用白紙黑字承認自己的錯誤比較好，也不容易造成混淆。愛因斯坦就是一個好例子，他將自己爲了滿足穩態宇宙模型所創造的宇宙常數，稱做是他一輩子犯的最大錯誤。

回到時間箭矢上面，原來的問題還在：爲什麼所觀察到熱力學與宇宙學箭矢指向相同方向？或者換句話說，爲什麼亂度增加的時間方向與宇宙擴張的時間方向相同呢？如果我們相信無邊界條件的預測，宇宙會擴張再收縮，那時間箭矢的問題會變成爲什麼我們應該處於擴張階段，而非收縮階段呢？

我們可以根據弱人擇原理來回答這個問題，收縮階段的條件不適合智慧生命的存在，既然在這階段無法支持生命，也就沒人能提出這樣的問題：為什麼亂度增加的時間方向，和宇宙擴張的時間方向相同呢？無邊界假設預測宇宙早期階段會發生暴脹，所以宇宙一定是以非常接近臨界速度的方式擴張，正好可以避免再度崩塌，所以有很長一段時間不會發生崩塌。等到宇宙再度收縮時，所有恆星都會燃燒殆盡，裡面的質子和中子會衰變成為光子和輻射，讓宇宙處於幾乎完全混亂的狀態，不會有明顯的熱力學時間箭矢，亂度也無法增加太多，因為宇宙已經處於幾乎完全混亂的狀態了。然而，明顯的熱力學箭矢對於智慧生命卻是生存之必要。為了生存，人類必須消耗食物，將有序能變成熱，而熱是一種混亂的能量。因此人類無法在宇宙的收縮階段存在，這解釋了為何會觀察到熱力學和宇宙學的時間箭矢指向相同方向。這並不是宇宙擴張造成亂度增加，而是無邊界條件造成亂度增加，也造成只有在擴張階段的條件才適合智慧生命。

總而言之，科學法則在時間往前與往後的方向並無區別，然而至少有三種時間箭矢會區別過去與未來，第一是熱力學箭矢，指亂度會增加的時間方向；第二是心理學箭矢，指我們記得過去而非未來的時間方向；第三種是宇宙學箭矢，指宇宙擴張而非收縮的方向。前面指出，心理學箭矢本質上與熱力學箭矢相同，所以兩者永遠指向相同方向。宇宙的無邊界假設預測明確的熱力學時間箭矢存在，因為宇宙必定是以平整有序的狀態開始。而我們觀察到這個熱力學箭矢與宇宙學箭矢吻合的理由，在於智慧生命只能存在擴張階段；收縮階段將不適合智慧生命存在，因為沒有明顯的熱力學時間箭矢做為催化。

在亂度逐漸增加的宇宙裡，人類認識宇宙的過程已在一個小角落建立秩序。如果讀者記住這本書裡每個字句，記憶會增加兩百

萬個資訊，也就是腦部的秩序會增加約兩百萬個單位，然而在閱讀本書之際，至少必須消耗掉一千卡的有序能（食物），轉換成混亂的能量（呼吸和流汗散發的熱能）（圖9.5），讓宇宙的亂度增加20兆兆個單位，是全部記住內容時腦部秩序增加的一千萬兆倍。下一章，我會試圖再為我們這個小角落增加一點秩序，說明人們如何努力讓部分理論融合成為一個完整的統一理論，以便解釋宇宙的萬事萬物。

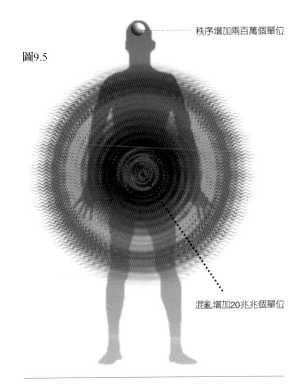

圖9.5

秩序增加兩百萬個單位

混亂增加20兆兆個單位

圖9.5：閱讀本書會增加讀者腦部有秩序的資訊數目，然而身體同時釋放的熱能，會讓宇宙其他部份的亂度增加更多，我建議讀者現在立刻停止閱讀。

10
蟲洞與時間旅行

上一章談到為什麼我們看到時間往前：為什麼亂度會增加，為什麼我們記得過去而非未來？時間被視為是一條直線軌道，每次都只能走單向道。

但是，軌道會不會有迴圈與分岔，讓往前開的火車能夠回到剛剛離開的車站呢？（圖10.1）換句話說，有可能旅行到過去或未來嗎？

威爾斯（H.G.Wells）在《時光機器》（*The Time Machine*）中探索了這些可能性，數不清的科幻小說家也熱衷此道。然而，許多科幻點子如今都已成真，例如潛水艇與登月之旅，那麼時間旅行的前景呢？

一九四九年哥德爾（Kurt Gödel）發現廣義相對論容許一種新時空，首次揭露物理法則可能容許時光之旅的第一道曙光。哥德爾是一位有名的數學家，他證明不可能證明所有真實的陳述，即使只是證明像算術那般清楚明確的真實陳述也不例外。就像測不準原理，哥德爾的不完備定理對於我們了解與預

上圖：英國作家威爾斯的《時光機器》，是首部探索時光旅行概念的科幻作品。

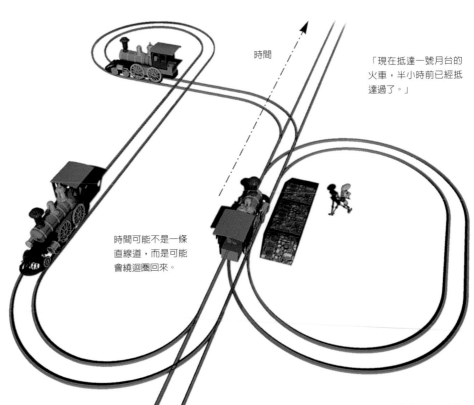

時間

「現在抵達一號月台的火車，半小時前已經抵達過了。」

圖10.1

時間可能不是一條直線道，而是可能會繞迴圈回來。

測宇宙的能力，或許會形成一種根本的限制，但至少目前這定理還不至於對於尋找完整的統一理論造成障礙。

　　哥德爾是後來和愛因斯坦待在普林斯頓高等研究院時，才開始認識廣義相對論。他所發現的時空具有一個奇怪的特質，在這個解中整個宇宙都在旋轉。有人可能會問：

「相對於什麼旋轉呢？」更精確來說，遠方的物質會相對於陀螺儀等慣性轉動裝置所指的方向而進行旋轉。

　　這會產生一個副作用，讓人有可能登上火箭升空，卻在出發之前回到地球。這項特性讓愛因斯坦十分苦惱，因為他認為廣義相對論不應允許時間旅行。可是想到他之前極力反對重力崩塌與測不準原理的不良紀錄，

譯註④：見69頁譯註①

或許這是一項鼓舞人心的訊息。哥德爾發現的解並不適用我們的宇宙，因為宇宙沒有在旋轉。他的宇宙也有非零的宇宙常數，這是愛因斯坦為了得到穩態宇宙所引進的數字。在哈伯發現宇宙擴張後，已經不再需要宇宙常數，現在一般相信其值為零④。然而，在哥德爾之後又發現廣義相對論當中有允許時間旅行的更合理解。其中一個時空位於旋轉黑洞的內部，另外一個時空中具有兩條宇宙弦，以高速通過彼此。顧名思義，宇宙弦是像弦一般的物體，具有長度，不過寬度極細。事實上，宇宙弦很像橡皮圈，具有約一兆兆噸重的超強張力，若用宇宙弦拉著地球，能夠讓地球在1/30秒從零加速到每小時百公里。聽起來超像科幻小說，但是人們有理由相信宇宙弦可能在宇宙早期因為對稱破壞（見第五章）而形成。因為宇宙弦的初始態可以是任何扭曲形狀，一旦任其強大張力扯直後，可能會加速到極高的速度。

哥德爾和宇宙弦的時空解，本身就處於極度彎曲態，讓回到過去成為可能。上帝也許能夠創造出如此彎曲的宇宙，但是我們沒有理由信祂真的這麼做。從對微波背景以及宇宙輕元素含量的觀察，顯示早期宇宙並沒有這種容許時空旅行的彎曲。若是無邊界假說正確，那麼我們也會獲得相同的結論。所以，現在問題變成如果宇宙開始的時候，沒有這種時間旅行所需要的彎曲，那麼之後可否讓局部地區的時空產生彎曲，使得時間旅行成為可能呢？

另一個緊密相關、同時也是科幻小說家關心的問題，是星際或星系間的超速旅行。根據相對論，沒有東西能行進比光速快，所以送一艘太空船到最近的恆星、距離四光年的半人馬座阿爾法星，至少要等待八年的時間，太空人才能回來報告發現。若是要到銀河系中心探險，至少要花十萬年才會回來。不過，相對論帶來一項安慰，就是第二章談到的孿生弔詭。

因為宇宙中沒有獨特的時間標準，每個

觀察者以所帶的時鐘來測量時間，太空旅客會認爲他們的旅程比地球上所感覺的更短。即便如此，如果從太空之旅歸來的主角發現，對他們來說才經過幾年的光陰，留在地球上的家人親友卻在數千年前已告別人世，直教人情何以堪？爲了勾起讀者的興趣，科幻作家必須假設有一天一定能達成超光速旅行。但是大多數的作家沒想到，如果能夠旅行比光速更快，那麼根據相對論，也可以旅行回到過去，一如下面的打油詩：

懷小姐（Wight），

快過光（Light），

今朝走，

相對行，

前晚回。

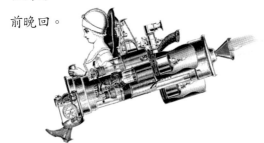

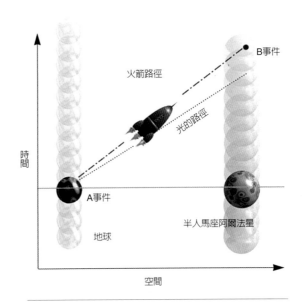

圖10.2：若火箭以低於光速的方式，從地球上的A事件行進到半人馬座阿爾法星的B事件，那麼所有觀察者將會同意A事件發生在B事件之前。

其中的關鍵在於相對論指出，沒有一個可讓所有觀察者都同意的時間測量方法。相反地，每個觀察者各自有對時間的衡量。若令一具火箭以低於光速的方式，從A事件（例如二〇一二年奧林匹克運動會百米決賽）行進到B事件（半人馬座阿爾法星100,004屆國會開議），那麼所有觀察者都

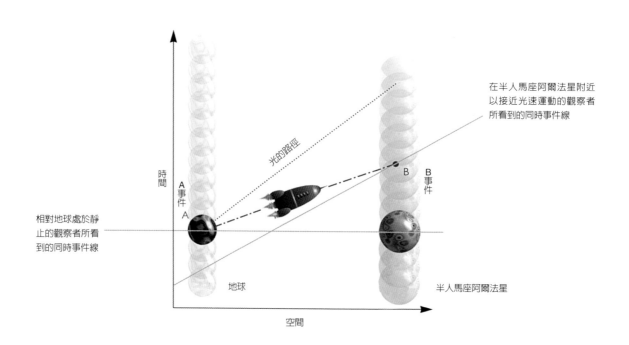

在半人馬座阿爾法星附近
以接近光速運動的觀察者
所看到的同時事件線

光的路徑

時間

A
事件

A

相對地球處於靜
止的觀察者所看
到的同時事件線

B

B
事
件

地球

半人馬座阿爾法星

空間

上圖10.3：若A事件與B事件不可能以低於光速的路徑
連結，則以不同速度運動的觀察者，對於哪個事件發
生在前將不會有共識。
右頁圖10.4：對於兩個相距遙遠、近乎平坦的時空區
域，蟲洞或許能夠成為一個捷徑，在兩者之間跳躍穿
梭。

會同意A事件發生在B事件之前（圖10.2）。
然而，假設太空船以超過光速的方式，將決
賽的新聞傳遞到外星國會，那麼以不同速度
運動的觀察者，將不見得會同意A事件發生

在B事件之前或之後。若是有一個觀察者相
對於地球處於靜止，按照他的時間來看，國
會開議發生在百米決賽之後，所以這名觀察
者會認為唯有太空船超過光速的限制，才能
夠及時從A趕到B。但是，對於在半人馬座
阿爾法星上以接近光速離開的觀察者而言，
看起來B事件（國會開議）會發生在A事件
（百米決賽）之前（圖10.3）。可是根據相
對論，物理法則對於不同運動速度的觀察者

而言，都應相同才對。

這點已經由許多實驗重複確認，縱使日後發現更好的理論取代相對論，也很可能會保留這項特徵。因此，對運動中的觀察者來說，如果能夠比光速還快，那麼應該有可能從B事件（國會開議）行進到A事件（百米決賽）。若是速度再稍微快一點，甚至可以回到決賽開始之前，那便可以先知輸贏而下賭注了。

想突破光速障礙，存在一個問題。相對論指出，當太空船越接近光速的時候，需要更多動力來加速，這方面的實驗證據是利用粒子加速器中的基本粒子，例如費米實驗室或CERN進行的實驗。我們可以將粒子加速

離半人馬座阿爾法星20兆哩遠　　地球　　蟲洞　　我們的宇宙

半人馬座阿爾法星

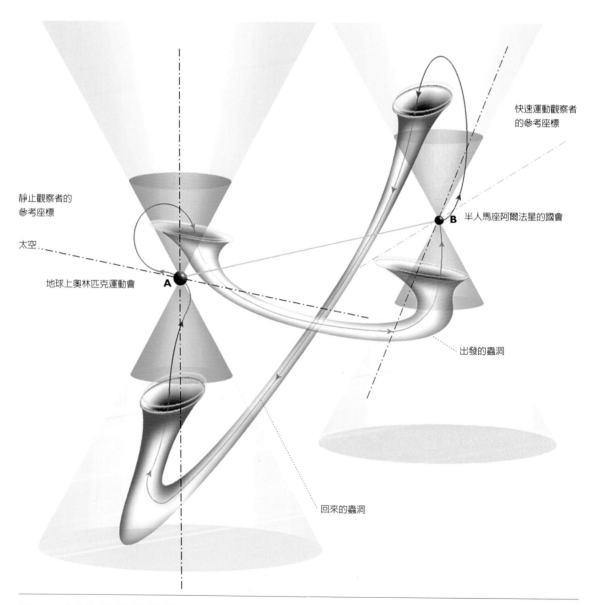

快速運動觀察者
的參考座標

靜止觀察者的
參考座標

太空

半人馬座阿爾法星的國會

地球上奧林匹克運動會

A

B

出發的蟲洞

回來的蟲洞

圖10.5：太空旅客可以利用相對地球處於靜止的蟲洞，當成從A事件到B事件的捷徑，然後從一個運動中的蟲洞回來，趕在自己出發之前回到地球。

到99.99%的光速，但是不論再加入多少能量，都無法讓粒子超越光速障礙。同樣地，不管太空船具備多少火箭動力，都無法加速超越光速。

　　這個障礙似乎同時去除了極速太空旅行與回到過去的可能性。不過，還有一個可能的方法，就是使時空產生彎曲，讓A和B之間出現一條捷徑，有一個作法是在A和B之間創造一個蟲洞。顧名思義，「蟲洞」是一條狹小的時空通道，可以連接平坦空間中兩個遙遠的區域（圖10.4）。

　　蟲洞本身的長度，與兩洞口在平坦背景時空中的距離並無關係。我們假設創造或發現一個蟲洞，可以從太陽系附近到半人馬座阿爾法星。雖然地球與半人馬座阿爾法星在太空中實際相距20兆哩遠，但是穿越蟲洞的距離可能只有數百萬哩而已，可讓百米決賽的新聞傳到議會會場上。然而，一個朝向地球運動的觀察者應該也能夠找到另一個蟲洞，讓他參加半人馬座阿爾法星國會開議

圖10.6：一般物質會產生像球面的正時空曲率，然而若要旅行到過去，時空必須擁有像馬鞍面的負曲率。

後，趕在決賽開始前回到地球（圖10.5）。所以，蟲洞和其他超光速旅行一樣，能夠讓人們回到過去。

　　連接不同時空區域的蟲洞，並不是科幻作家發明的產物，而是「系出名門」。一九三五年，愛因斯坦與羅森（Nathan Rosen）

愛因斯坦-羅森橋是連接兩個遙遠區域的蟲洞。　　　　蟲洞崩縮斷裂，在太空船通過之前形成兩個奇異點。

發表一篇論文，指出廣義相對論容許「橋樑」的存在，正是如今所稱的「蟲洞」。愛因斯坦—羅森橋並不持久，無法讓太空船通過，因為蟲洞會立刻崩縮產生奇異點（圖10.7）。雖然有人指出或許有更先進的文明能夠讓蟲洞保持開放，然而要維持蟲洞的開

圖10.7：愛因斯坦—羅森橋是蟲洞，可連接相距遙遠的區域，但是開放並不持久，無法讓任何東西通過。

放，或是想用其他方式使時空彎曲到可容許時間旅行，都需要像馬鞍面的負曲率時空（圖10.6）。一般的物質具有正能量密度，

讓時空有正曲率，像是球體表面。所以，為了要讓時空彎曲到可回到過去，需要帶有負能量密度的物質。

　　能量有點像是錢：如果收支餘額為正，那麼可以用各種方式支配。只是根據廿世紀大家相信的古典法則，能量不可透支成為負值，所以古典法則排除任何時間旅行的可能性。不過前面幾章提過，古典法則已被以測不準原理為基礎的量子法則凌駕了。量子法則更為自由，可允許透支一、兩個帳戶，只要總額為正即可。換句話說，量子理論允許能量密度在某些地方為負值，只要其他地方有正能量密度彌補，讓總能量保持為正就好了。卡西米爾效應（Casimir effect）可做為量子理論允許負能量密度的一個好例子（圖10.8），第七章提到，即使是「真空」中也充滿虛粒子與反粒子對，它們一起出現、分開，又重合消滅彼此。假設有兩片距離極近的平行金屬板，作用像虛光子的鏡子。事實上，兩者之間會形成一個腔室，有點像是管

圖10.8：真空中「充滿」虛粒子與反粒子對，兩片金屬板可做為這些粒子的鏡子，中間只允許具有某些共振波長的虛粒子對存在，造成卡西米爾效應。

風琴，只有某些音符才會共振，表示唯有當波長為兩板間距的整數倍時，該空間才會出現虛粒子。如果腔室的寬度不是波長的整數倍，那麼經過來回幾次反射之後，一個波的波峰與另一個波的波谷重疊，使得波互相抵消。

　　因為金屬板之間只能存在具有共振波長的虛粒子，相較於金屬板外面任何波長的虛光子都可存在，金屬板之間的虛光子數目以及碰撞金屬板內壁的次數都會較外面更少，

可想而知金屬板會受到由外向內的推力而靠向彼此。事實上，這種作用已經偵測到並與預測值符合，所以現在握有實驗證據，可證明虛粒子存在且具有實際的效應。

金屬板之間的虛光子較少一事，代表其能量密度比別的地方低。但是，距離金屬板遙遠之外的「眞空」，其總能量密度必須爲零，否則能量密度將會使太空產生彎曲，而無法近乎平坦。所以，如果金屬板之間的能量密度低於遠方的能量密度，那麼它必定爲負。

現在，有了兩方面的實驗證據，一是時空可彎曲（從日食時發現光線彎折得知），二是時空可以彎曲到容許時空旅行所需要的程度（從卡西米爾效應得知），或許可期盼當科學與科技更進步時，最終會有辦法建造一部時光機器。但假若如此，爲什麼看不見有人來自未來，告訴我們應該如何打造時光機器呢？或許是考慮到人類目前的發展太粗淺，告訴我們時間旅行的機密或屬不智，但我認爲除非人性不變，否則很難相信來自未來的訪客不會洩露半點機密。當然，有些人宣稱看見UFO的蹤影，是外星人或未來的人類來訪的證據（如果外星人要在合理的時間到達地球，也必須旅行得比光速更快才行，所以兩者的可能性可謂相當）。

不過，我認爲不管是外星人或未來的人類來訪，必定會更加明顯才對，而且可能不是好事。如果他們眞的要現身，爲什麼只有那些可信度低的人們看到？如果他們試圖警告我們浩劫將至，顯然不太奏效。

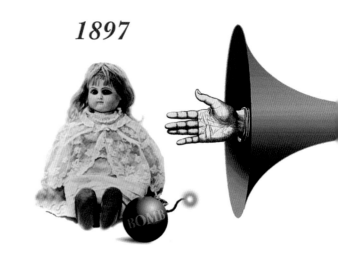

212

對於為何不見來自未來的訪客,有一個可能的解釋是過去已經確定了,而我們已經看到過去並不具允許時間旅行所需要的時空彎曲。另一方面,未來是未知與開放的,所以或許有時間旅行所需要的彎曲。這意味著時間旅行只能局限在未來,庫克船長和星艦企業號沒有機會出現在我們眼前。

這或許能解釋為何我們還沒有被未來的訪客打擾,但卻無法避免回到過去篡改歷史所引起的問題,例如回去殺了還是小孩子的高曾祖父。這個弔詭有許多版本,不過本質上都相同:若是能夠自由改變過去的話,將會引發衝突。

對於時間旅行引發的弔詭,可能有兩種解答。我稱第一種為相容歷史說,指縱使時空彎曲程度讓回到過去有可能,發生在時空裡的事情必須時時符合物理法則的解。根據這項觀點,你無法回到過去,除非歷史顯示你已經回到過去,而且你也不能殺掉高曾祖父,或是做任何與既定事實相違背或相衝突的事情。再者,當你回到過去的時候,無法改變白紙黑字的歷史,代表你沒有自我意志可任意行事;當然,有人會說自由意志本來就是一種幻覺。如果真的有完整的統一理論支配萬事萬物,它也應該會決定你的行為。但是事實上,對於像人類這般複雜的生物是無法做計算的。我們說人類具有自由意志,是因為無法預測人類的行為,然而如果有人登上火箭並在出發之前回來的話,我們將可以預測這個人的行為,因為都已是歷史紀錄的一部分。因此,在這種情況下,時光旅客

1997

假設你回到過去,
殺了還是小孩子的高曾祖父。

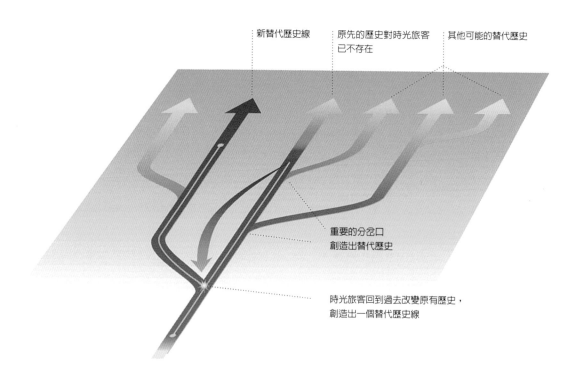

新替代歷史線

原先的歷史對時光旅客
已不存在

其他可能的替代歷史

重要的分岔口
創造出替代歷史

時光旅客回到過去改變原有歷史，
創造出一個替代歷史線

圖10.9：一個解決時間旅行弔詭的方法，便是假定有一整個系列的替代歷史，在某些關鍵事件的時刻分岔出去。

將不具自由意志。

　　另一種或許可以解決時間旅行弔詭的方法，稱爲分岔歷史說。此概念是指當時光旅客回到過去時，會進入不同歷史紀錄的分岔歷史（圖10.9），所以可以自由行動，不受必須符合先前歷史的局限。導演史匹柏曾在電影《回到未來》中把玩了這個概念，讓主角麥克菲（Marty McFly）能夠回到過去撮合父母，變成令人更滿意的歷史。

　　分岔歷史說聽起來很像費曼以歷史總和

來表達量子理論（見第四章與第八章）。該
理論指，宇宙並不是只有一個歷史，而是具
有每個可能的歷史，各有其機率。然而，費
曼的理論與分岔歷史說之間具有重大的差
異，在費曼的歷史總和論中，每個歷史包含
一個完整的時空以及內部所有東西。雖然時
空可能會彎曲到容許搭乘火箭回到過去，但
是火箭還是會留在相同的時空裡，也就是相
同的歷史中，所以必須要一致。因此，費曼
的歷史總和似乎是支持相容歷史說，而非分
岔歷史說。

　　在微觀尺度下，費曼的歷史總和論確實
允許回到過去。第九章談到科學法則在CPT
合併對稱下保持不變，意味著當反粒子以逆
時鐘方向自旋，並從A行進到B時，可視為
是一個平常的粒子以順時鐘方向自旋，並從
B往後回到A。同樣地，一個粒子在時間上
往前，相當於是一個反粒子在時間上往後移
動。本章與第七章都談過，「真空」裡充滿
虛粒子與反粒子對，它們會一起出現、分

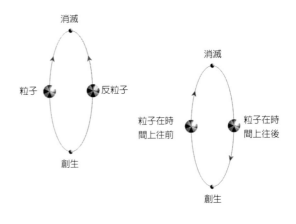

圖10.10：一個反粒子可視為在時間上往後運動的粒子，因此虛粒子／反粒子對可視為一個在時空封閉迴圈裡運動的粒子。

開，然後回來消滅彼此。

　　所以，可以將粒子對視為在一個封閉的
時空迴圈裡運動的粒子（圖10.10）。如果
粒子對在時間上往前（從它出現的事件到它
湮滅的事件），則稱為粒子；當粒子在時間
上往後（從粒子對消滅的事件到粒子出現的
事件），則稱為是反粒子在時間上向前旅
行。

　　第七章談到黑洞會放射粒子與輻射，因

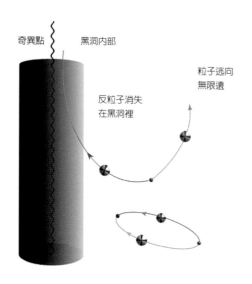

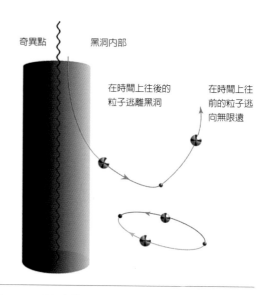

圖10.11：黑洞輻射的兩面觀點，左圖中虛粒子對中的粒子掉進黑洞，讓另一個粒子能自由逃脫；右圖中一個反粒子掉進黑洞裡，可視為是一個粒子在時間上往回走而從黑洞出來。

為虛粒子／反粒子對中有一方（假設是反粒子）掉入黑洞，留下另一個沒有夥伴可以互相消滅的粒子。這個被拋棄的粒子可能也會掉進黑洞，或是從黑洞附近脫逃。若是如此，對於遙遠的觀察者而言，看起來會像是一個粒子被黑洞釋放出來。

不過，對於黑洞輻射的機制，還有另一個同樣直覺的想像。我們可以將虛粒子對中掉進黑洞的一方（假設是反粒子），看做是在時間上往後旅行而離開黑洞的粒子。當它抵達虛粒子／反粒子對一起出現的那點時，會受重力場作用，散射成為一個在時間上往

前的粒子，逃離了黑洞（圖10.11）。同樣地，如果是掉進黑洞的是粒子，可以當成是反粒子在時間上往回走而逃離黑洞。因此，黑洞輻射顯示量子理論在微觀尺度上允許回到過去，而且這種時間旅行會產生可見的效應。

因此，我們可以問：量子理論會允許鉅觀尺度下的時間旅行，使人類可以利用嗎？

通過迴圈的某個點會增加
該點的能量密度。

圖10.12：在允許時間旅行的時空裡，
虛粒子可變成實粒子。它們會通過時
空中每個點許多次，使得能量密度變
成極大。

乍看之下，應該是可以。費曼的歷史總和觀點是指「所有」歷史，因此應該包括允許旅行到過去的彎曲時空。那麼，為何我們的歷史沒有出問題呢？如果有人回到過去，向納粹透露原子彈的機密，不就糟了？

若是我所謂的「時序保護猜想」成立的話，應當可以避免這些問題。時序保護猜想指物理法則會設法防止巨觀物體攜帶訊息回到過去。這猜想和宇宙審查猜想一樣，雖然未經證實，但是有理由相信此猜想為真。

相信時序保護猜想成立的理由，是因為當時空彎曲到可允許回到過去的話，在時空封閉迴圈行進的虛粒子，可以變成實粒子以光速或低於光速的方式在時間上往前行進。

當這些粒子不斷在迴圈上繞行，可以經過時空中同一點許多次（圖10.12）。因此，粒子能量一再加總計算後會使得能量密度變得極大，給予時空正曲率，阻止時間旅行。但是，目前還不清楚這些粒子究竟是造成正曲率或負曲率，或是某些類虛粒子造成的曲率是否會被其他類虛粒子造成的曲率抵消掉。因此，時間旅行雖然仍然有可能，然而我不願賭它會發生。如果我的對手為通曉未來而贏得賭注，我也認了。

11
物理的統一

第一章解釋過，很難在一個理論中建構出包含宇宙萬事萬物的完整統一理論，所以必須先找出部分理論，也就是描述有限範圍的事情，並忽略其他效應或取其近似（例如，化學讓我們在不知道原子核內部結構的情況下，仍可計算原子的交互作用），才有所進展。然而，物理學家最終還是希望找到完整一致的統一理論，能夠完全包括近似的部分理論，而且不需要任意挑選特定參數代入以求符合觀察。對於這種理論的探尋稱為「物理的統一」，愛因斯坦後來大半時間都花在找尋統一理論上，然而當時時機未臻成熟，雖然有重力與電磁力的部分理論，但對於核力所知極為有限。另外，愛

因斯坦不肯相信量子力學，儘管他是量子力學發展的重要功臣。然而，測不準原理是宇宙的基本特質，因此成功的統一理論一定得納入。

接下來會談到，現在找到統一理論的希望更加濃厚了，因為我們對於宇宙的認識更加透徹。但是得小心別自信過度，在物理史上曾有幾次希望落空呢！例如在廿世紀初，人們認為所有東西都可以用連續物質的特性來解釋，例如彈性和熱傳導。但是，原子結構與測不準原理的發現，讓這股論調落幕。一九二八年事情再度重演，諾貝爾獎得主波恩（Max Born）對哥丁根大學（Göttingen）一群訪客說道：「物理學再過六個月就結束

圖11.1：虛粒子與反粒子對會讓「真空」充滿無限大的密度，讓空間捲曲得無限小，這種無限大的能量必須減去或消除。

了。」他的自信是因為狄拉克（Dirac）剛發現電子方程式，那時人們認為如果找到類似的質子方程式（質子是當時已知的另一種粒子），應該就是理論物理的終點了，然而中子和核力的發現又再推翻一切定論。不過即使有這些失敗的歷史，我還是相信有審慎樂觀的理由，可以說現在真的接近探尋宇宙

終極法則的終點了。

　　前面介紹過廣義相對論、部分重力理論，以及支配強、弱作用力與電磁力的部分理論。最後三種理論合起來稱為大統一理論（GUT），但不是令人相當滿意，因為重力被排除在外，而且有許多量值無法從理論預測（如不同粒子的相對質量），而是必須挑選與觀測相符的數值代入。要將重力與其他理論合併，最大的困難在於廣義相對論是「古典」理論，未將量子力學的測不準原理

圖11.2：在廣義相對論裡，只能調整重力強度與宇宙常數，然而仍不足將無限大的問題全部消除掉。

沒有奇異點，而是自然完備並且沒有邊界。問題在於第七章已提過，測不準原理意謂即使在「真空」裡，也充滿著虛粒子／反粒子對，具有無限大的能量，而根據愛因斯坦著名的公式$E=mc^2$，它們也有無限大的質量，所以產生的重力吸引會讓宇宙捲曲成無限小（圖11.1）。

其他部份理論也會出現「無限大」的荒謬，但是都可以用重正化的過程消除。「重正化」指引進別的無限大來抵消原有的無限大，雖然是有疑問的數學程序，但實際上很管用，當理論用重正化來進行預測時，結果也能與觀測精準吻合。然而，從尋找完整理論的角度來看，重正化卻有一個嚴重的缺點，因為這意味著實際的質量與作用力強度無法根據理論做預測，而是必須經過挑選以符合觀測。

如果將測不準原理合併到廣義相對論裡，只有重力強度與宇宙常數兩項參數可調整，但是仍然不足將無限大的問題全部去除

納入，然而其他理論根本上都需要量子力學。因此，首要任務是將廣義相對論與測不準原理結合，前面已經看到，這會產生教人吃驚的效果，例如黑洞不是黑的，以及宇宙

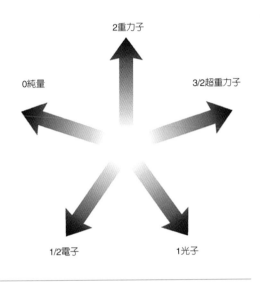

圖11.3：在超重力裡，不同自旋的粒子可視為是一個超粒子的不同面向。

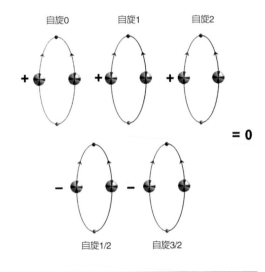

圖11.4：自旋1/2與3/2虛粒子對的能量為負，會抵消自旋0、1、2對的正能量，可去除大部分的無限值。

（圖11.2）。因此，這個理論會預測某些物理量（如時空曲率）的值無限大，然而這些量值實際上都可以測量，且測量到的數值都是有限的！廣義相對論與測不準原理結合會出現無限大的疑慮，已存在一段時間，一九七二年經由仔細計算後終於確認問題的存在，四年後為了解決這個問題，物理學家提出一個稱為「超重力」的理論。超重力的概念是自旋-2的重力子（攜帶重力交互作用），與其他自旋3/2、1、1/2和0的粒子結合。這些粒子可視為相同「超粒子」的不同面向，因此可將自旋1/2、3/2的物質粒子，與自旋0、1、2的作用力粒子統一（圖11.3）。因為自旋1/2、3/2的虛粒子／反粒子對有負能量，所以會抵消自旋0、1、2虛粒子對的正能量，使得許多可能的無限大都

圖11.5　開放弦

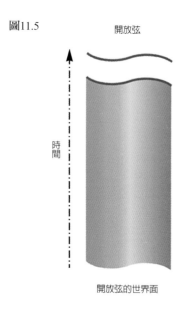

時間

開放弦的世界面

圖11.6　封閉弦

時間

封閉弦的世界面

抵消掉了（圖11.4），但人們還是懷疑某些無限大項仍然還在。不過，相關計算又臭又長，沒人願意去做。即使是用電腦計算，至少也得花上四年時間，除了犯錯機率極高，而且錯誤通常不止一個。所以，唯有重複進行計算又都得到相同的答案，才能確定得到正確的解答，但那幾乎是一件不可能的任務。

儘管有這些問題，再加上超重力理論的

粒子又不符合觀測到的粒子，但是當時大多數科學家還是寧願相信超重力可能是物理統一問題的正確解答，因爲這理論看起來是統一重力與其他作用力的最佳辦法。然而自一九八四年，物理學家突然改變想法，開始偏向所謂的弦論。在弦論中，基本的物體不是佔據空間一點的粒子，而是像一條無限細的弦，只有長度卻沒有其他維度。這些所謂的「弦」，可能有末端（稱爲開放弦），或兩

222

圖11.7
一條開放弦
時間
兩條弦結合
兩條分開的弦
兩條開放弦結合的世界面

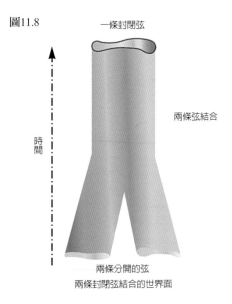

圖11.8
一條封閉弦
時間
兩條弦結合
兩條分開的弦
兩條封閉弦結合的世界面

端接起來成為封閉的迴圈（稱為封閉弦）。一個粒子每瞬間佔據空間一點，其歷史由時空中的一條線代表（稱為「世界」線）。相對上，一條弦每瞬間佔據空間中一條線，所以在時空中的歷史為二維平面，稱為世界面（在這種世界面上的任一點可用兩個數字描述，第一個數字指時間，另一個數字指該點在弦上的位置）。開放弦的世界面是一條帶子，邊緣代表弦的末端在時空中的路徑（圖

11.5）。封閉弦的世界面是一個圓柱或管子（圖11.6），管子的切面是一個圓，代表弦在某個特定時間的位置。

　　兩條弦可以結合成為一條弦，開放弦單純地在末端結合（圖11.7），而封閉弦會像是兩條褲管連接成一件褲子一般結合（圖11.8）；同樣地，一條弦也可以分成兩條弦。在弦論裡，先前被認為是粒子的東西，現在被看做是在弦上傳遞的波，就像在風箏

223

圖11.9

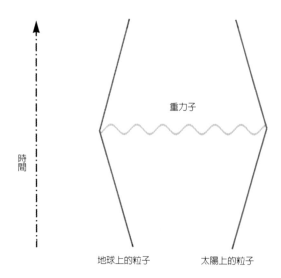

圖11.10

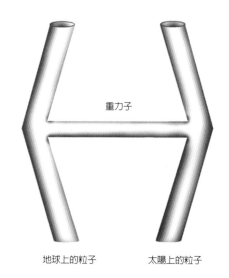

圖11.9：在粒子物理中，長距作用力被視爲是交換作用力粒子而造成。但是在弦論中，則被視爲是因爲管子連接而造成。

線上振動的波一樣。粒子的釋放或吸收，相當於弦的分開或結合。例如，在粒子理論中，太陽對地球的重力作用被視爲是太陽中的某個粒子釋放重力子，並被地球上另一個粒子吸收所造成的效果（圖11.9）。但是在弦論裡，這個過程相當於一個H形的管子（弦論某方面還眞像水電管線學）（圖11.10），H直直的兩邊相當於太陽與地球上的粒子，而水平的橫桿相當於在兩者之間行進的重力子。

弦論有個奇怪的歷史，最早是一九六〇年代末期爲了描述強作用力而發明的理論。

其概念是將粒子（如質子和中子）視爲弦上的波，粒子之間的強作用力相當於連接弦與弦之間的弦，結成蜘蛛網般的構造。爲了要讓理論符合粒子之間觀察到的強作用力值，弦必須像橡皮筋，並具有十噸重的拉力。

一九七四年巴黎的謝爾克（Joël Scherk）與加州理工學院的許瓦茲（John Schwarz）發表一篇論文，指出當弦的張力高達10^{39}噸左右，弦論便能描述重力。弦論的預測與廣義相對論在正常尺度下的預測相同，但是在小尺度10^{-33}公分下會出現不同。不過，當時兩人的研究並未受到太大的注意，因爲那時候大多數人都放棄了原本描述強作用力的弦論，改探以夸克和膠子爲基礎的理論，因爲更能吻合觀測的結果。謝爾克不幸逝世（他罹患糖尿病，因無人幫忙注射胰島素而陷入昏迷），所以剩下許瓦茲單獨奮戰，幾乎成爲高張力弦論的唯一主張者。

一九八四年，因爲兩點理由使得物理學家重新燃起對弦論的興趣。第一點理由是人

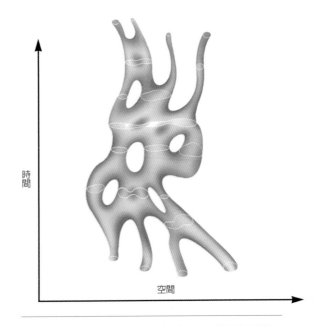

圖11.11：封閉弦在時空中結合形成面。若所有的基本粒子都被視爲弦，則一致的量子理論或許可以解釋所有四種基本作用力。

們既無法證明超重力有限，也無法證明超重力可解釋觀察到的粒子種類，因此超重力理論可以說毫無進展。第二點，許瓦茲和倫敦皇后瑪麗學院的格林（Mike Green）發表另一篇論文，顯示弦論或許能夠解釋觀察到某些具有左手特性的粒子。最後，許多人很快

在二維度中從A到B的最短路徑　　在三維度中從A到B的最短路徑

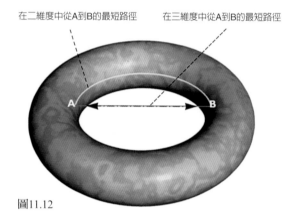

圖11.12

投身弦論的研究，提出稱為「混合弦」的新版本，可望解釋觀察到不同種類的粒子。

　　弦論也會導致無限大的問題，但是理論家認為混合弦論可將其全部消除（雖然這點並未確定）。此外，弦論具有一個更大的問題：唯有當時空具有十個或廿六個維度，而不是平常的四個維度時，理論才會一致。當然，額外維度是科幻小說的常備要素與利器，可以克服廣義相對論在正常狀況下無法超光速或是回到過去等限制（見第十章）。額外維度的作用，是創造捷徑。想像我們生

活的空間只有二維度，像是環面或甜甜圈（圖11.12），若想從內環一側到達另一側，必須要繞著內環走，但如果能在三維空間行進，便可以走直線抵達。

　　但是，如果這些額外維度真的存在，為什麼我們沒有注意到呢？為什麼我們只看到三個空間維度與一個時間維度呢？這是因為其他的維度捲曲成非常小的尺度，像是10^{-30}吋。這個尺寸太小了，所以我們沒有注意到，只能看到一個時間維度和三個空間維度，並且構成幾乎平坦的時空。這很像是一根吸管的表面，如果近看會看到兩個維度（吸管上一點的位置可用兩個數字描述，即在吸管上的長度，以及在圓周上的位置）；但如果隔一段距離看，便不會看到吸管的寬度（圖11.13），看起來只有一個維度（一點的位置可用在吸管上的長度表示）。所以，弦論的時空也是如此：若是在極小的尺度下，會看到十個極為捲曲的維度，但若尺度比較大，便看不到捲曲或是額外維度。如

226

果這幅圖像正確，對於未來的太空旅客可不是好消息，因爲額外的維度太小了，無法容許太空船通過。不過，這又引起另一個重要的問題：爲什麼有些維度會捲曲成一顆小球，卻不是所有的維度都捲曲呢？假定在宇宙極早期的時候，所有維度都相當捲曲，爲什麼最後有一個時間維度與三個空間維度變成平坦，而其他維度仍然緊緊捲曲呢？

圖11.14

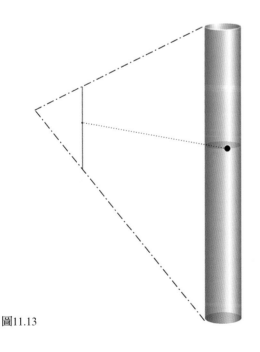

圖11.13

圖11.13：一根吸管近看會成爲兩維度的圓柱，但是隔著一段距離又像一維度的線。

圖11.14：具有消化道貫穿的二維動物，將會被分成兩半。

　　或許這可以用人擇原理解釋，因爲兩個空間維度似乎不足以發展出像人類這般複雜的生物。例如，假設有二維動物住在一維地球上，那麼牠們得爬過彼此才能通行；而且二維動物吃東西的殘渣，必須哪裡進、哪裡出，否則如果有一條消化道貫穿身體的話，二維動物就會斷成兩半掛掉了（圖11.14）。同樣的道理，二維動物也不可能

有血液循環這回事。

另外，若超出三維空間也有問題，兩個物體之間的重力作用隨距離遞減的效應會比三維空間更為快速（當距離加倍時，三維空間的重力作用會減少到1/4，四維空間會減少到1/8，五維空間會減少到1/16，以此類推）。重點是這會造成行星（如地球）繞恆星運轉的軌道不穩定，因為即便是對圓形軌道的最小擾動（如其他行星造成的重力引力），也會讓地球遠離太陽或墜向太陽，讓人類不是凍死，便是被烤焦。在超過三維度的空間裡，重力隨距離變化的行為，也會讓太陽因為無法平衡壓力與重力而處於不穩定的狀態，太陽不是爆炸，便是崩塌形成黑洞，不管如何，太陽都無法為地球上的生物提供穩定的光與熱。就更小的尺度來看，原子裡面讓電子繞轉原子核的電力，行為與重力作用類似，因此電子可能會全部逃離原子，或是墜向原子核，因此也就不會有原子的存在了。

至少就我們所知，生命只能存在一個時間維度與三個並未捲曲的空間維度。這意味著如果能證明弦論至少容許宇宙存在這種區域，那麼便可以訴諸弱人擇原理來解釋時空維度。物理學家的確發現弦論容許不同時空維度存在，因此宇宙可能有其他區域，或者有其他宇宙（不管是何意義）存在，那裡所有的維度都捲曲得極小，或是有超過四個以上的平坦維度，但是這些地方將不會有智慧生物可觀察到底有多少維度存在。

另一個問題是至少有四種不同的弦論（包括一個開放弦論與三個封閉弦論），而弦論預測額外維度又有幾百萬種捲曲的方式，為什麼唯獨挑出一個弦論與一種捲曲方式呢？由於好長一段時間找不到答案，讓這方面的研究陷入膠著。不過，自一九九四年後，開始發現了所謂的「二元性」，指不同的弦論與額外維度不同的捲曲方式，可能會導致和四維度裡相同的結果。再者，除了粒子（佔空間一點）與弦（線）之外，又發現

稱爲P膜的物體，佔空間兩個維度以上（粒
子可視爲0膜，弦可視爲1膜，P膜則從2到9
維都可能）。似乎在超重力、弦論與P膜等
理論之間，存在著一種「齊頭式平等」：大
家似乎都能存在，但是無法指出哪個更基
本。這些理論看起來像是某個基本理論的不
同近似，在不同情況裡成立。

　　我們長久以來追尋這種基本理論，卻一
直未能獲得成功。不過，如哥德爾所說，算
術不可能用一組公理完全推導，同樣地，我
相信物理的根本理論也未必只有單一表述而
已。以地圖爲例，我們無法用一張地圖來描
述地球表面或環面，地球至少需要用兩張地
圖，而環面至少需要用四張圖才能涵蓋每個
點。每張地圖只在有些區域有效，但是不同
的地圖有重疊的區域，將所有地圖集合起來
便可爲表面做一份完整的描述（圖
11.15）。同樣地，在物理中或許有必要在
不同情況適用不同的表述，但是兩個不同的
表述在都可適用的情況裡將會吻合；不同表

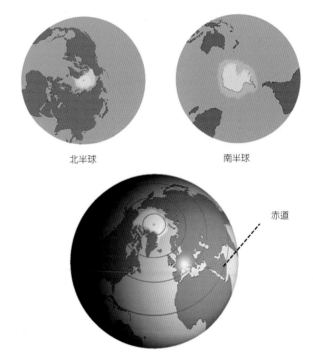

北半球　　　　　　　　南半球

赤道

圖11.15：以數學角度來看，地球表面無法用一張地圖
涵蓋，至少需要兩張重疊的地圖。同樣地，或許不可
能對理論物理提出根本的單一表述，而是視不同情況
適用不同的表述。

述的全部集合可視爲一個完整的統一理論，
雖然可能無法只用一套公設表達。

　　但是真的有統一理論嗎？或許我們只是

在追逐海市蜃樓？這裡似乎有三種可能性：

（1）眞的有完整的統一理論（或重疊表述的一個集合），若是我們夠聰明的話，終有一日會發現。

（2）沒有一個終極的宇宙理論，只有一系列無窮的理論，能夠對宇宙做越來越精確的描述。

（3）宇宙的完整理論不存在，經過一定的準確度之後，將無法再預測事件，事件會以隨機任意的方式發生。

有人支持第三種可能性，理由在於若是有一套完整的法則，將會侵犯上帝改變心意與干預世界的自由。這有點像是一個古老的弔詭；上帝創造一顆石頭，會重到連自己都抬不起來嗎？但誠如聖奧古斯丁指出，以爲上帝會想改變心意的想法是一種謬誤，因爲這想像上帝存在於時間裡；相反地，時間是上帝創造給宇宙的一項特質，祂在創造宇宙時理當有所定見，因此也不會有改變心意的事。

上帝創造一顆石頭，會重到連自己都抬不起來嗎？

隨著量子力學的出現，讓我們明白事情無法完全精準預測，總是會有一定程度的不確定性。或許可以將這類隨機性歸諸於上帝的介入，但是這種介入又太奇怪了，因爲看不出來有何目的；如果眞的有「目的」，那

根據定義也稱不上是「隨機」了。在現代物理中，我們基本上已經除去第三種可能性，重新定義科學的目標，在於提出一套法則，可在測不準原理的限制下預測事件發生的機率。

第二種可能性指存在一無窮系列、越來越準確的理論，這與目前為止所有的經驗相符，因為在不斷提升測量的靈敏度、或是進行更高能量的觀測時，我們總會發現既有理論未能預測到的新現象，而為了解釋新現象，不斷讓我們發展出更進步的理論。舉例來說，現今大統一理論宣稱100GeV的電弱統一能量與千兆GeV的大統一能量之間，本質上沒有新的東西存在，但若有一天證明這個說法錯誤了，也不至於教人太吃驚。或許，日後可望找到更多新的結構層次，比起現今視為「基本」粒子的夸克與電子更基本呢！

然而，重力似乎會為「盒中有盒」的系列設下限制。如果有個粒子的能量在普朗克能量（10^{19}GeV）之上，能量會密集到讓它自己形成一個小黑洞，與宇宙其他部份分開。因此，當研究的能量越來越高時，似乎理論越來越好的次數會有所限制，代表應該有某種宇宙終極理論存在（圖11.16）。當然，現在實驗室能夠製造出來的能量上限約為100GeV左右，與普朗克能量可謂天差地遠，近期內粒子加速器恐怕還是無法追上差距。然而，宇宙極早期階段必定是普朗克能量的場域，因此我認為在早期宇宙學研究與符合數學一致性的要求下，將有很好的機會在大家有生之年找到一個完整的統一理論，當然得假設人類沒先自我毀滅了。

如果真的發現終極理論，有何意義呢？第一章解釋過，永遠無法確定我們真的找到正確的理論，因為無法證明理論本身。但如果該理論在數學上一致，而且每次的預測都符合觀察，那麼有相當的信心已經找到正確的理論，這將為人類歷史上對認識宇宙的長久奮戰，劃下一個光榮的句點，不過也會對

圖11.16：隨著觀察尺度越來越小，出現了一連串在越來越高的能量下成立的物理理論，最高到量子色動力學
（QCD），或更進一步到大統一理論（GUT）。然而，普朗克能量可能是盡頭，指出終極理論存在的可能性。

一般人的宇宙法則認知進行革命。在牛頓的時代，一個受教育的人士或許能大致掌握人類全部的知識，但是此後科學發展的腳步將讓這成為絕響。因為理論不斷推陳出新，來不及仔細消化或簡化，讓凡夫俗子也能夠了解；即使是專家，也只能掌握小部分的科學理論。再者，科學進展日新月異，學校裡學習的東西多半已過時，只有極少數人能夠掌握最先端的知識，但是這些人必須全力投入，而且只能專精極小的領域。大眾對於科學進展幾無所悉，也不知道掀起的興奮激昂之情。如果像七十年前愛丁頓所說世界上只有兩人懂得廣義相對論的話，現今起碼有成千上萬的大學畢業生懂得，還有數不清的人們至少也聽過相關概念。如果發現一個完整的統一理論，我相信終有一天也會被消化吸收，然後在學校教授這個原則梗概。屆時，人們對於支配宇宙與自身存在的法則，都能夠有一定程度的了解。

但是，縱使真的發現完整的統一理論，並不代表我們能夠預測所有事件，因為有兩點理由存在。第一點是測不準原理對於人類的預測能力，設下無法橫跨的障礙與限制；然而第二點限制又尤甚於第一點限制，因為我們無法精確解出理論的方程式，除非在非常簡單的狀況下（我們連精確解出牛頓重力理論中三個物體的運動狀態都有困難，而隨物體數量與理論的複雜度，難度會越來越高）。除了最極端的狀況之外，現在已經知道所有支配物質行為的法則，特別是所有化學和生物的根本法則，但我們還是無法聲稱這些學科已經完全解決，而想用數學方程式預測人類行為，更是完全沒轍！所以，縱使真的發現一套完整的基本法則，我們對知識的追求仍然得面臨諸多挑戰，必須發展出更佳的近似法，才能在複雜無比的現實中，對於可能的結果進行有效的預測。所以，一個完整一致的統一理論只是第一步，我們的目標在於完全了解周遭事件以及自身的存在。

12
結論

這是一個令人困惑的世界，我們想了解周遭事物的意義，於是問道：宇宙的本質爲何？人類在宇宙中的地位是什麼，我們又從何而來？爲什麼宇宙是今日這等面貌呢？

爲了試圖回答這些問題，演變出一些「世界觀」。例如，烏龜相疊撐起平坦的世界是一種觀點，超弦理論也是一種觀點，兩者都是宇宙的理論，雖然後者比前者更加數學與正確，但是都缺乏觀測證據，因爲從來沒人見過有巨龜背負地球，也從來沒人見過所謂的「超弦」。不過，烏龜理論構不上是好的科學理論，因爲它預測人們會從世界邊緣墜落，這與經驗不符，除非這眞的是讓人

從百慕達三角洲消失的理由。

早期試圖以理論描述與解釋宇宙的概念，往往都將事情與自然現象視爲受到具人類感情的神靈所控制，其行事作風很像人類而無法預測。這些神靈寄居於自然物體上，像是山川河流或是日月星辰。人類必須敬畏與供奉神靈，以求風調雨順。但是，慢慢發現有些規律可循，不論是否已對太陽神獻祭，太陽總是東升西落。再者，日月星辰會遵循精確的路徑橫跨天際，讓人們可事先精準預測。或許日月星辰仍然是神明，但是祂們是恪遵法則的神明，顯然毫無例外，除非

圖12.1：本書提到的一些宇宙理論模型。

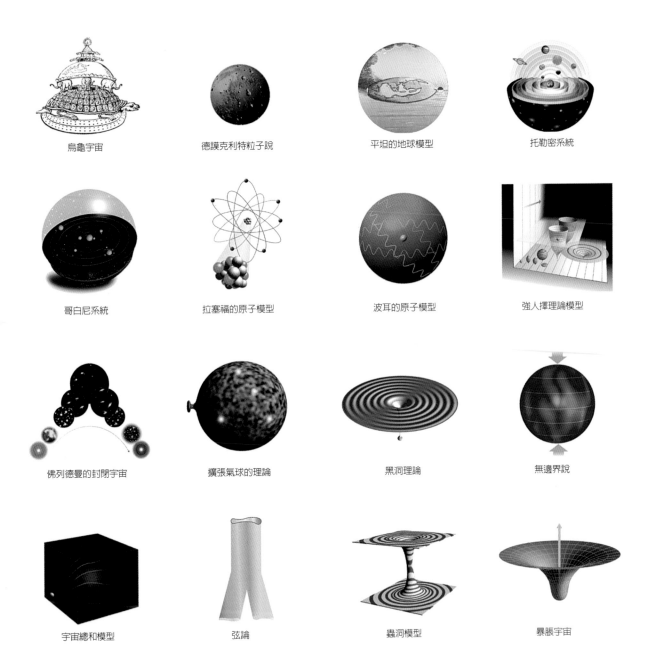

烏龜宇宙

德謨克利特粒子說

平坦的地球模型

托勒密系統

哥白尼系統

拉塞福的原子模型

波耳的原子模型

強人擇理論模型

佛列德曼的封閉宇宙

擴張氣球的理論

黑洞理論

無邊界說

宇宙總和模型

弦論

蟲洞模型

暴脹宇宙

「亞當的誕生」，由米開朗基羅繪製。拉普拉斯提出理論，指上帝決定宇宙如何開始，以及將遵守哪些法則，但是之後就不再介入。

有人相信太陽會爲約書亞停止運轉等類故事。

　　起初，這些法則規律只有在天文學和少數狀況中才很明顯。然而，隨著文明進展，特別是過去三百年來，發現越來越多的法則規律。這些法則的成功讓拉普拉斯在十九世紀初提出科學決定論，主張只要知道宇宙在某個時刻的結構，以科學法則便可精準確定宇宙接下來的演進。

　　拉普拉斯的科學決定論在兩個方面並不完備，一是未指出應該如何挑選法則，二是未指明宇宙的初始結構爲何，這些問題都留給上帝。他主張，上帝會選擇宇宙如何開始以及遵守哪些法則，但宇宙一旦開始，上帝便不會再介入。事實上，這裡的上帝只局限在十九世紀科學尚不明白的範疇裡。

　　現在我們知道拉普拉斯對決定論的期望無法實現了，至少他一開始提出的那個決定論已經不成立。量子力學的測不準原理指出，某些量值對無法同時精確預測，例如粒子的位置和速度。在一連串量子理論的努力下，現代量子力學以波來描述不具明確位置和速度的粒子。量子力學定下波隨著時間演化的法則，所以只要知道某個時刻的波，便可計算出波在其他時刻的狀態，因此又變成決定論。只有當我們試圖以粒子的位置和速度來詮釋波的時候，才會出現不可預測的隨機元素。但也許這是我們的錯，或許根本就沒有所謂粒子的位置和速度，只有波而已。可能是我們硬要將波套用在原有的位置和速度概念上，由於不相容才會造成所見的不可預測性。

　　實際上，我們已經重新界定科學研究的任務，目標在於發現法則來預測事件，一直到測不準原理所設下的限制爲止。不過，問題仍在：宇宙的法則與初始狀態是什麼？在各種不同的可能法則中，哪個才適用呢？

　　在本書中，我特別著重支配重力的法則，因爲重力塑造宇宙的大尺度結構，即使它是四種作用力中最弱的一種。重力法則與

宇宙不會隨時間改變的觀點不相容，而這種偏見直到最近才被揚棄。重力永遠是引力，因此宇宙若不是在擴張，便是在收縮。根據廣義相對論，過去必定有一個密度無限大的狀態，即時間開始的「大霹靂」；同樣地，如果整個宇宙再度崩塌，未來必定有另外一個密度無限大的狀態，即時間結束的「大崩塌」。即使整個宇宙並未再崩塌，在任何局部崩塌形成黑洞的區域也會有奇異點，對於掉進黑洞的人說，這些奇異點正是時間的結束。在大霹靂與其他奇異點上，所有法則都會瓦解，所以上帝還是有完全的自由，可以選擇在奇異點會發生什麼事情，以及決定讓宇宙如何開始。

　　當結合廣義相對論與量子力學時，似乎會出現一個前所未有的新可能性：時間和空間一起形成有限的四維空間，沒有奇異點或邊界，與二維的地球表面相似，但是維度更高。看起來這個新概念可以解釋許多觀察到的宇宙特徵，例如大尺度上的均勻，以及小

尺度上如星系、恆星或人類等差異存在，甚至可以解釋我們觀察到的時間箭矢。但假若宇宙完全自然完備，沒有奇異點或邊界，並可由一個統一理論完整描述，那麼對於上帝是否為創世主的角色將具有重大影響。

　　愛因斯坦曾經問道：「上帝建造宇宙時，有多少選擇呢？」若是無邊界假說正確，上帝將完全沒有選擇初始條件的自由。當然，祂還是有自由選擇宇宙運行的法則，然而這真的算不上是選擇，因為可能只有一個或少數幾個完整統一理論（如混合弦論）是完全一致，並允許人類這般複雜的結構存在，可以探尋宇宙法則並追問上帝的本質。

　　縱使只有一個可能的統一理論，也只是一套法則和方程式而已。究竟是什麼讓這些方程式有了生命，並據此造就一個宇宙呢？一般建造數學模型的科學方法，無法回答為什麼真的會有一個宇宙來供模型描述。為什麼宇宙要這麼麻煩的存在呢？統一理論會不會強到自己跳出來呢？或是，需要一個創造

者嗎？如果是的話，對於宇宙有其他作用嗎？又是誰創造祂呢？

　　到目前為止，大多數科學家都忙著發展新理論來描述宇宙如何運作，卻沒有去問「為什麼」的問題。另一方面，應該研究「為什麼」的哲學家，卻無法跟上科學理論進展的腳步。在十八世紀，哲學家視人類全部的知識都是自己研究的範疇，包括科學在內，他們會討論這樣的問題：宇宙有開端嗎？然而，自從十九世紀和廿世紀之後，科學變得相當技術化與數學化，除了少數專家之外，哲學家或一般人都難以掌握。哲學家不斷限縮自己探尋的範疇，讓廿世紀最著名的哲學家維根斯坦（Ludwig Wittgenstein）感慨道：「哲學剩下的唯一任務是分析語言。」對於從亞里斯多德到康德傳下來的偉大哲學傳統，無異是沈重打擊。

　　不過，若是發現完整的統一理論，只需一些時間消化，人人都應該可以理解大概的原則，而非只局限於少數科學家。那麼，包括哲學家、科學家與凡夫俗子在內，所有人都可以共同探討為什麼我們和宇宙會存在的問題。若是我們真的能找到答案，將是人類理性的最終勝利，因為我們將會明白上帝的心意。

愛因斯坦

世人都熟悉愛因斯坦與原子彈的關聯，他曾聯名簽署一份致羅斯福總統的著名信件，敦請政府正視原子彈的議題，戰後又致力於防止核戰的發生。但這些不是讓這位科學家蹚入政治渾水的孤立事件，誠如愛因斯坦所言，他的一生「在政治與方程式之間打轉」。

愛因斯坦最早涉及政治活動是在一次大戰時，當時他在柏林擔任教授。由於痛恨戰爭浪費人類生命，他開始投入反戰示威，提倡不服從政府，並公開鼓吹抗拒徵兵令，讓同事不表苟同。接著在戰後，他致力於和解協調與改善國際關係，然而這也得不到歡迎。很快地，參與政治活動讓他難以到美國訪問，甚至連演講也不得成行。

愛因斯坦的第二項使命是投入猶太復國

運動。雖然身為猶太後裔，但是他一向不接受聖經裡的上帝，只是自一次大戰之前反猶人意識高漲，讓他逐漸與猶太社群產生認同，後來更成為活躍的猶太復國運動支持者。這讓他更不受歡迎，不過卻沒有阻止他繼續發聲，結果非但讓他的理論遭到攻擊，甚至有專門反愛因斯坦的組織出現，甚至有個人因教唆他人謀殺愛因斯坦而被判刑（不過只罰六元而已）。但是愛因斯坦韌性十足，當一本稱為《百名作家反愛因斯坦》的書籍出版時，他四兩撥千斤地說：「如果我真的錯了，那麼一個人來反對就成了。」

一九三三年希特勒奪取政權，愛因斯坦人在美國，他宣佈將不會再返回德國。當納粹掃蕩他家，並扣押其銀行帳戶時，一家柏林報紙的頭條是「來自愛因斯坦的好消息：他不會回來了！」面對納粹威脅，愛因斯坦不再死抱和平主義，最後因為擔心德國科學家會搶先製造原子彈，他於是建議美國政府應該制敵為先。但即使在第一枚原子彈引爆之前，他都公開警告核子戰爭的危險，並促請國際共同控制核子武器。

終其一生，愛因斯坦致力追求和平卻幾無所成，且樹敵無數。不過，他對猶太復國運動的有力支持，在一九五二年終於獲得肯定，當時他被敦請出任以色列總統。愛因斯坦予以婉拒，表明自己對政治太天真了。但也許他真正的理由並不同，這裡再度引用他的話：「方程式對我而言更重要，因為政治是一時的，方程式卻是永恆的。」

伽利略

伽利略應該是最有資格稱爲現代科學的催生者。他與天主教會的公然衝突，凸顯他的哲學思想中心：他是最早主張人類可望了解宇宙運作之道的人士之一，而且認爲觀察眞實的世界，便可認識宇宙天地。伽利略很早便相信哥白尼主張行星繞日的理論，但是找到需要的證據後才開始公開支持。他以義大利文（而非一般學術用的拉丁文）發表有關哥白尼理論的文章，很快地在學院之外受到廣大支持。這惹惱亞里斯多德學派的學者，於是聯合抵制他，試圖說服天主教會禁止哥白尼學說。

伽利略爲此憂心忡忡，趕到羅馬求見教會高層。他主張，聖經不是用來教導大家科學理論，而聖經內容有違常識之處，人們會很自然當成是寓言故事而已。

但是教會擔心醜聞會妨礙與新教對抗之戰，因此將事情壓下來。一六一六年天主教會宣佈哥白尼學說「大錯特錯」，並命令伽利略永遠不得再「護衛或主張」該學說，伽利略只得保持沈默。

一六二三年伽利略有位故交成爲教宗，他馬上試圖請求撤銷一六一六年的命令。雖然伽利略並未成功，但是獲得教會允許，若遵守兩項條件，將可著書討論亞里斯多德和哥白尼兩派學說：第一個條件是不可以有立場；第二個條件是結論必須指出，人類絕對無法決定世界運作之道，因爲上帝會以人類無法想像的方式帶來相同的效果，而人類無法干預萬能的上帝。

於是，《兩大世界體系的對話》（*Dialogue*

Concerning the Two Chief World Systems）於一
六三二年出版，並獲得審查單位背書支持，
結果立刻風行全歐洲，被視爲是一部文哲鉅
著。很快地，教宗發現人們視這本書是支持
哥白尼學說的有力論證，後悔同意讓它出
版，改而聲稱這本書雖然已通過正式審查，
但是作者伽利略仍不得違背一 六一六年禁
令，並且命令他接受宗教法庭的審判。結
果，伽利略被判終身軟禁，並且被迫公開摒
棄哥白尼學說。第二次，伽利略又沈默了。
事實上，伽利略一直是信仰虔誠的天主教
徒，但是他對科學獨立的堅信從未動搖。一

六四二年過世前四年，一直在家軟禁的他，
將第二本重要巨著的手稿偷偷送到荷蘭一個
出版商手上。這部《新科學對話》（*Two
New Sciences*）不只是他對哥白尼的支持而
已，更是促成了現代科學的誕生。

左頁圖：伽利略（1564-1642年）使用的30倍望遠鏡。
上圖：伽利略（1564-1642年）。
左圖：伽利略的《星際信使》（*Sidereus Nuncius*）於
1610年出版，他描繪望遠鏡觀測到的許多恆星。

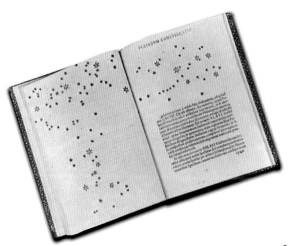

图 解 時 間 簡 史

牛頓

牛頓（1642-1727年），瓦德班克繪。

牛頓並不是一個好相處的人。他與其他學者的關係惡名昭彰，人生大半時間都捲入爭議當中。在物理史上影響最力的著作《數學原理》（*Principia Mathematica*）出版後，讓牛頓聲譽鵲起，他被任命為英國皇家學會主席，也成為第一位受封爵士的科學家。

不久之後，牛頓與皇室天文學家弗蘭斯蒂德（John Flamsteed）發生衝突。先前弗蘭斯蒂德提供了許多資料供牛頓撰寫《數學原理》，但是他開始對資料

244

有所保留，不讓牛頓予取予求。牛頓無法忍受別人說「不」，他任命自己成為皇家天文台理事，企圖強迫立刻公開這些資料。最後，他命令沒收弗蘭斯蒂德的研究，並準備讓弗蘭斯蒂德的死敵哈雷（Edmond Halley）予以發表。但是弗蘭斯蒂德告上了法庭，在緊要關頭及時贏得判決，讓這些失竊的資料禁止散佈。牛頓大發雷霆並加以報復，在《數學原理》後來改版時，全面刪除有關弗蘭斯蒂德的文獻參考。

接著，牛頓又與德國哲學家萊布尼茲（Gottfried Leibniz）發生更嚴重的衝突。牛頓和萊布尼茲各自發展出微積分，成為現代物理學的重要基礎。雖然現在知道牛頓比萊布尼茲早幾年發現微積分，但是他後來才發表，結果引發孰先孰後的激烈爭辯，科學家們也分成兩派各擁其主。不過，令人驚訝的是，大多數擁護牛頓的文章多半都是出自他本人之手，只是假借朋友的名義發表。隨著爭議越演越烈，萊布尼茲做了一個錯誤的決定，他請求英國皇家學會裁決爭議。身為皇家學會主席的牛頓，指派一個「公正」的委員會進行調查，恰巧任命的委員全都是牛頓的好朋友。不僅如此，牛頓自己撰寫委員會調查報告，並命令皇家學會公佈，正式控告萊布尼茲剽竊之罪。甚至又再以匿名的方式，在皇家學會的期刊上發表一份義正詞嚴的檢討報告。據說在萊布尼茲過世後，牛頓宣稱他對於「讓萊布尼茲心碎」一事，感到十分滿意。

在這兩場爭論期間，牛頓離開了劍橋和學術界。在劍橋時，他對於反天主教的政治活動已相當熱衷，到了國會之後變本加厲，最後終於榮獲政治酬庸，擔任皇家鑄幣廠監管一職。這讓他得以名正言順充分發揮尖酸刻薄的本性，成功推行大型查禁偽幣運動，甚至將幾個人送上絞架處死。

名詞解釋

Absolute zero **絕對零度**

理論上最低的可能溫度，物質在此不具熱能。

Acceleration**加速度**　物體速度的變化率。

Anthropic principle **人擇原理**

我們看見宇宙以這種方式存在，是因為如果
宇宙有所不同，我們將不會在此觀察它。

Antiparticle **反粒子**

每種物質粒子都有一個對應的反粒子。當粒子
與反粒子碰撞時，會互相消滅並釋出能量。

Atom **原子**

一般物質的基本單位，由一個極小的原子核
（質子和中子構成）與環繞的電子所組成。

Big bang **大霹靂**　宇宙開始的奇異點。

Big crunch **大崩塌**　宇宙結束的奇異點。

Black hole **黑洞**

因為超強的重力，使得任何事物（包括光）
都無法逃脫的時空區域。

Casimir effect **卡西米爾效應**

在真空中兩面相距極近的平行金屬板之間，
因為裡面虛粒子的數目比外面更少而產生的
一股壓力。

Chandrasekhar limi **錢氏上限**

一個穩定的冷星所擁有最大的可能質量，超
過此上限將崩塌成為黑洞。

Conservation of energy **能量守恆**

指能量（或相等的質量）無法創造或消滅的
科學法則。

Coordinates **座標**

以數字標示一點在空間和時間中的位置。

Cosmological constant **宇宙常數**

愛因斯坦借用這項數學技巧,使時空本身具有擴張的傾向。

Cosmology **宇宙學** 研究宇宙整體的學問。

Dark matter **暗物質**

存在星系、星系團、甚至各星系團之間的物質,雖然無法直接觀測,但可偵測到其重力效應。宇宙間或許有高達90%的質量,以暗物質的形式存在。

Duality **二元性**

外觀不同的理論,具有相同物理效應的一種特性。

Einstein-Rosen bridge **愛因斯坦─羅森橋**

連接兩個黑洞的狹小時空通道(亦見蟲洞)。

Electric charge **電荷**

粒子的一種特質,電荷相同的粒子會相斥,電荷相異的粒子會相吸。

Electromagnetic force **電磁力**

帶電粒子之間發生的作用力,在四種基本作用力中屬第二強。

Electron **電子** 環繞原子核的負電粒子。

Electroweak unification energy **電弱統一能量**

超出此能量後(約100GeV),電磁力和弱作用力之間的區別將會消失。

Elementary particle **基本粒子**

不能再分割的粒子。

Event **事件**

時空中的一點,由其時間和空間而定。

Event horizon **事件視界** 黑洞的邊界。

Exclusion principle **不相容原理**

在測不準原理的限制下,兩個同樣是自旋½的粒子,不會同時具有相同的位置和相同的速度。

Field **場**

遍及空間與時間之物,與只存在一個特定時間與地點的粒子不同。

Frequency 頻率

波動每秒的完整週期次數。

Gamma rays 伽瑪射線

波長很短的電磁射線，在放射性衰變或基本
粒子碰撞中產生。

General relativity 廣義相對論

愛因斯坦提出的理論，基本想法是科學法則對
於所有觀察者皆相同，不論觀察者的移動速度
爲何；並將重力解釋成是四維時空的彎曲。

Geodesic 測地線

二點之間最短（或最長）的路徑。

Grand unification energy 大統一能量

據信超過此能量，電磁力、弱作用力和強作
用力將不會有區別。

Grand unified theory（GUT）大統一理論

統一電磁力、強作用力和弱作用力的理論。

Imaginary time 虛數時間

以虛數衡量的時間。

Light cone 光錐

光線通過特定事件時，在時空中所有可能方
向所形成的面。

Light-second（Light year）光秒（光年）

光在一秒（一年）中行進的距離。

Magnetic field 磁場

磁力的作用範圍，現與電場合併爲電磁場。

Mass 質量

物體的物質量，對加速度的慣性或抗力。

Microwave background radiation 微波背景輻
射

早期宇宙高溫發熱發光時所散發的輻射，由
於產生大量紅移，所以不是以可見光存在，
而是以微波（波長爲幾公分的無線電波）的
形式存在。

Naked singularity 裸奇異點

未受黑洞包圍的時空奇異點。

Neutrino 微中子

極輕（可能無質量）的粒子，只受弱作用力
和重力影響。

Neutron 中子

與質子十分相似但無電荷的粒子，約佔原子
核中的一半粒子。

Neutron star **中子星**

一種冷星，由中子之間因不相容原理產生的斥力所支撐。

No boundary condition **無邊界條件**

在虛數時間裡，宇宙有限但沒有邊界的想法。

Nuclear fusion **核融合**

兩個原子核碰撞並凝聚形成一個重核的過程。

Nucleus **原子核**

原子的中心部份，由質子和中子組成，以強作用力凝聚。

Particle accelerator **粒子加速器**

使用電磁鐵加速運動中的帶電粒子，給它們更多能量。

Phase **相位**

在特定時間波在週期中的位置，測量波在波峰、波谷或之間某處的度量。

Photon **光子**　光的量子。

Planck's quantum principle **普朗克的量子原則**

指光（或任何古典波）只能以整數量子發射或吸收，能量與頻率成正比。

Positron **正電子**

電子的反粒子（帶正電）。

Primordial black hole **原生黑洞**

宇宙極早階段創造出來的黑洞。

Proportional **成正比**

若「X與Y成正比」時，代表當Y乘以某數時，X也是相乘某數；若「X與Y呈反比」時，代表當Y乘以某數時，X則以該數相除。

Proton **質子**

帶正電粒子，與中子非常相似，在大多數原子的核心中約略佔一半粒子。

Pulsar **波霎**

發出規則的無線電脈衝的星體，是旋轉的中子星。

Quantum 量子

不可分割的單位，波以此單位發射或吸收。

Quantum chromodynamics（QCD）量子色
動力學

描述夸克和膠子交互作用的理論。

Quantum mechanics 量子力學

從普朗克量子原則與海森堡測不準原理發展
而來的理論。

Quark 夸克

一種帶電的基本粒子，會感受到強作用力，
例如質子和中子都是由三個夸克組成。

Radar 雷達

利用脈衝無線電波偵測物質位置的系統，測
量脈衝到達物體再反射回來的時間。

Radioactivity 放射性

原子核自發衰變，變成另一種原子核。

Red shift 紅移

當恆星遠離我們時，所發出的光會因為都卜
勒效應而往光譜紅色那端移動。

Singularity 奇異點

時空中的一點，其時空曲率為無限大。

Singularity theorem 奇異點定理

指奇異點在某些情況下一定存在，特別是宇
宙必定是從一個奇異點開始的定理。

Space-time 時空

四維度空間，其中任何一個點為一個事件。

Spatial dimension 空間維度

任何類似空間的三個維度，也就是除了時間
維度之外的三個維度。

Special relativity 狹義相對論

愛因斯坦提出的理論，基本想法是科學法則
對於所有觀察者都相同，不論觀察者的移動
速度為何。

Spectrum 光譜

組成波的頻率成份，太陽的可見光譜即是彩
虹。

Spin 自旋

基本粒子的一項特質，與日常「旋轉」的觀
念相關，但不全然相同。

Stationary state **穩定態**

不會隨時間改變的狀態，例如以一定速度轉動的球體是穩定態，因為每個瞬間看起來都相同。

String theory **弦論**

該理論將粒子描述為在弦上振動的波；弦有長度，但沒有其他維度。

Strong force **強作用力**

四種基本作用力中最強者，也是作用範圍最短者。強作用讓質子和中子裡面的夸克緊緊結合，進而讓質子與中子結合形成原子。

Uncertainty principle **測不準原理**

海森堡提出此項原理，指無法同時確定一個粒子的位置和速度，對其中一個量值知道越精確，對另一個量值越無法精確掌控。

Virtual particle **虛粒子**

在量子力學中，一種永遠無法直接偵測的粒子，但是其存在具有可測量的效果。

Wave / particle duality **波 / 粒子二元性**

量子力學中指波與粒子沒有區別的概念，粒子有時候會表現得像波，而波有時候表現得像粒子。

Wavelength **波長**

兩個相鄰波峰或兩個波谷之間的距離。

Weak force **弱作用力**

四種基本作用力中第二弱者，作用範圍極短，會影響所有物質粒子，但不會影響作用力粒子。

Weight **重量**

重力場施加在物體上的作用力，與質量成正比，但不完全相同。

White dwarf **白矮星**

一種穩定的冷星，由電子之間因不相容原理所產生的斥力支撐。

Wormhole **蟲洞**

一種狹小的時空通道，可連接宇宙中相距遙遠的區域。蟲洞或許會通往平行宇宙或新生宇宙，為時間旅行提供一項可能性。

誌謝

本書獲得許多人幫助。科學界同行不斷給我啓發，從無例外。長久以來，我的主要同事和合作者是潘若斯（Roger Penrose）、Robert Geroch、卡特（Brandon Carter）、George Ellis、Gary Gibbons、佩奇（Don Page）與哈特爾（Jim Hartle）等人。我十分感謝他們，以及總是適時給我幫助的研究生們。

在撰寫第一版《時間簡史》時，學生惠特（Brian Whitt）給我許多幫助。班坦圖書公司（Bantam Books）的編輯古查迪（Peter Guzzardi）給予無數意見，讓本書脫胎換骨，別有風貌。另外針對這本《圖解時間簡史》，我想感謝月行者設計公司（MoonRunner）的人們，他們負責插畫的部份；還有唐恩（Andrew Dunn）幫忙修訂文字與撰寫圖片說明，我覺得他們表現出色。

再者，如果沒有溝通系統，我無法成就本書。這套「Equalizer」軟體是由加州蘭開斯特Words Plus公司的華托茲（Walt Waltosz）捐贈，而發聲合成器是由加州桑尼維爾市Speech Plus公司捐贈。合成器與筆記型電腦，由劍橋精益通訊公司（Adaptive Communication Ltd.）的梅森（David Mason）幫忙安裝在輪椅上。有了這套系統，我的溝通方式比失去聲音前的效果更好。

在撰寫修訂本書期間，有許多祕書和助理幫忙。在祕書方面，我非常感激Judy Fella、Anna Ralph、Laura Gentry、Cheryl Billington和Sue Masey。另外，我的助理有Colin Williams、David Thomas、Raymond、Laflamme、Nick Phillips、Andrew Dunn、Stuart Jamieson、Jonathan Brenchley、Tim Hunt、Simon Gill、Jon Rogers與Tom Kendall。在助理、護士、同事以及家人朋友的幫忙下，讓我能夠克服障礙並繼續追求研究，享受更加充實豐富的人生，感謝大家！

史蒂芬・霍金

圖片來源

國家圖書館出版品預行編目(CIP)資料

圖解時間簡史 / Stephen Hawking著；郭兆
林, 周念縈譯. -- 初版. -- 臺北市：大塊文化,
2012.07
　　面；　公分. -- (from ; 81)

譯自：The illustrated a brief history of time
ISBN 978-986-213-346-0(平裝)

1.宇宙論

323.9　　　　　　　　　　　　101011112

LOCUS

LOCUS